上海市老年教育普及教材

上海市学习型社会建设与终身教育促进委员会办公室

老年人轻松种多肉植物

科学出版社

北京

本书编写组

主　编：修美玲

参　编：王　俊　沈　菁

丛书策划

刘煜海　朱岳桢

前　言

　　"上海市老年教育普及教材"是在上海市学习型社会建设与终身教育促进委员会办公室、上海市老年教育工作小组办公室和上海市教委终身教育处的指导下，由上海市老年教育教材研发中心会同有关老年教育单位和专家共同研发的系列丛书。该系列丛书是一批具有规范性和示范性、体现上海水平的老年普及读本（教材），是一批可供老年学校选用的教学资源，是一批满足老年人不同层次需求的、适合老年人学习的、为老年人服务的快乐学习读本。

　　"上海市老年教育普及教材"的定位主要是面向街（镇）及以下老年学校，适当兼顾市、区老年大学的教学需求，力求普及与提高相结合，以普及为主；通用性与专门化相兼顾，以通用性为主。该系列丛书主要用于改善街（镇）、居村委老年学校缺少适宜教材的实际状况。

　　"上海市老年教育普及教材"在内容和体例上尽量根据老年人学习的特点进行编排，在知识内容融炼的前提下，强调基础、实用、前沿；语言简明扼要、通俗易懂，使老年学员看得懂、学得会、用得上。该系列丛书分为三个大类，做身心健康的老年人、做幸福和谐的老年人、做时尚能干的老年人。每个大类包含若干系列，如"老年人常见病100问系列""健康在身边系列""传统经典与时代文明系列""孙辈亲子系列""老年人心灵手巧系列""老年人玩转信息技术系列"等。

"上海市老年教育普及教材"在表现形式上,充分利用现代信息技术和多媒体教学手段,倡导多元化教与学的方式,在实践和探索过程中逐步形成了"四位一体,三通直学"的资源体系,即"纸质书、电子书、有声读物、学习课件"四种学习资源皆可学习,手机微信公众号"指尖上老年教育"、平板APP"上海老年教育"、电脑微学网站www.shlnjy.cn三条学习通道皆可学习。让我们的老年学习者可以根据自己的实际情况,个性化选择适宜的学习资源和学习方式。

"上海市老年教育普及教材"在"十二五"期间已出版了首批100本,并入选国家新闻出版广电总局、全国老龄工作委员会办公室2016年向全国老年人推荐优秀出版物。在此经验基础上,我们更广泛地吸取各级老年学校、老年学员和广大读者的宝贵意见,力争在"十三五"期间为全市老年学习者带来更丰富、更适宜的学习资源和学习体验。

上海市老年教育普及教材编写委员会

2018年8月

编者的话

　　多肉植物品种繁多，很多种类具有株型小巧、开花美丽的特点，是一类比较适合家庭栽培的植物。其实许多老年人喜爱种植的蟹爪兰就是一种多肉植物。

　　近两三年来，种植多肉植物成为了一种生活风尚，给人带来的不仅仅是对植物本身美的欣赏，同时也是对生活的享受，对人的身心健康大有裨益，加之其种植方法并不复杂，所以也特别适合老年人栽培。

　　但由于我国栽培多肉植物的历史相对较短，以往的科普工作还做得不够，人们对这类植物的认识和栽培技术也存在很多误区。有鉴于此，笔者编写了这本书。本书从多肉植物常见品种的分类、生境要求，以及水量条件、温度条件等方面进行介绍，并介绍了多种多肉植物的鉴赏方法，不仅教会老年读者如何种多肉植物，还教会老年人如何品味多肉植物的美。

　　目前，多肉植物栽培正处于"转型期"。一方面，从国外引进的种类在不断增加，人们对多肉植物感性知识的需求随之提高；另一方面，栽培技术特别是仙人掌类实生苗的栽培技术进展不够快，质量和国外尚有差距。在这种形势下，不少爱好者对于自己栽种、培育多肉植物投入了极大的兴趣，其中就不乏许多老年朋友。

不少多肉植物被称为"懒人植物"，它们非常容易养护，有很强的适应性，适于在家中进行栽培，是入门级植物爱好者的好选择，也非常适合老年人。《老年人轻松种多肉植物》是一本简明、实用的室内多肉植物栽培手册，记载适合家庭栽培的常见多肉植物，包括其形态特征、生长条件、栽培方法和观赏价值等。希望通过本书的出版，能为老年读者提供养殖多肉植物的专业技术支持，解答他们在种植过程中遇到的实际问题，帮助老年读者把家里的多肉植物养得美丽漂亮！

专家简介

修美玲，上海植物园高级工程师，毕业于中国农业大学园林植物与观赏园艺专业，获得农学硕士学位；自2006年开始，在上海植物园负责植物科普和自然教育工作，负责五届上海自然导赏员培训班的培训工作，成功打造上海植物园品牌科普活动——"暗访夜精灵"，常年为儿童及青少年开展自然教育活动；自2015年开始，负责温室景点策划与布置、日常养护管理、植物引（保）种以及温室科普设施完善等工作。

她长期义务担任上海多个街道、社区学校家庭园艺班的科普教学工作。多年来，她克服教具不足、器材简陋、学员园艺基础参差不齐等困难，精心准备教案，耐心细致讲解，在社区志愿服务活动中无私奉献，与许多园艺爱好者结下了深厚的友谊。

目 录

Mulu

第三章 适合家庭栽培的多肉植物品种

第一章 多肉植物的基础知识

 简明学习

本章主要从什么是多肉植物、多肉植物的形态特征、多肉植物的花与果实、多肉植物的常见分类四个方面入手进行介绍，了解不同的多肉植物各具特色的观赏部位和储水部位，熟悉其原产地的气候特征等内容，带领老年朋友了解多肉植物的基础知识，也更有利于在实际栽培中为不同植物营造不同的生长环境。

 什么是多肉植物

多肉植物是指植物营养器官的某一部分，如茎或叶或根（少数种类兼有两部分）具有发达的薄壁组织用以贮藏水分，在外形上显得肥厚多汁的植物。多肉植物大多生活在严酷的生态条件下，原产地每年降水量很少、有很长的旱季，或者虽有中等的降水量，但由于强烈的阳光或大风造成蒸腾量过大。它们以不同的生理、生态方式适应环境，如有的叶面缩小或退化，或无叶形态（仙人掌科和大戟科的许多种类）以减少蒸腾；有的具膨大的肉质茎（柱状和球状仙人掌类等）和肉质叶（景天科、番杏科、菊科）用于储存水分；有的

多肉植物桌面盆栽

茎叶被白色绒毛（老乐柱、白雪姬），或银白色蜡质白粉（轮回、银波锦），以反射阳光、抵抗灼热。

多肉植物多在晚上较凉爽潮湿时气孔开放，吸收二氧化碳并通过羧化作用合成苹果酸和其他一些有机酸贮藏在大液泡内，白天高温时气孔关闭，在温度、光、酶的共同作用下，有机羧酸放出二氧化碳供光合作用。这种代谢方式称景天酸代谢途径。一般家庭对居室内过多摆放植物有所顾忌，因为怕植物晚上放出二氧化碳而对人体有害。但是绝大多数多肉植物是在夜间吸收二氧化碳的，所以可以放心地在居室内摆放一些多肉植物。

多肉植物拥有大约1万个品种，在植物分类学上分属于50～60个科。有的科成员众多，如仙人掌科和番杏科各有1 800多个品种；有的科仅含1种至数种，如百岁兰科、商陆科、梧桐科、凤仙花科、秋海棠科和豆科等。

 多肉植物的形态特征

多肉植物根据肉质器官的不同，可分为叶多肉植物、茎多肉植物和茎干多肉植物三大类。

1.叶多肉植物

叶多肉植物其肉质部分主要是叶，只有少数种类其茎也呈肉质，但肉质茎通常矮小不明显或不具观赏价值。叶的大小相差悬殊，马齿苋科回观草属和景天科魔南景天属有一部分种类的叶非常细小，只有几毫米长，而龙舌兰属和

叶多肉植物——古紫

芦荟属的许多种类叶的长度可超过1米。

叶多肉植物叶的排列有互生、对生等，较为常见的是排列呈莲座状，其实这也是一种互生，只是叶在茎上全方位螺旋状互生，而叶的间距又特别短，因此呈现出莲座的样子，这样的排列方式缩小了株体的体积，但不影响叶的光合作用。

在大多数情况下，莲座状叶盘的叶很多，在旱季时，往往老叶的水分和养分逐渐向新叶转移，最后老叶枯萎。但老叶并不脱落，而是向下包住茎，形成叶裙，有效地起到减少水分蒸腾和避免动物破坏的作用。

茎多肉植物——翁柱

2.茎多肉植物

茎多肉植物主要集中在仙人掌科、大戟科、萝藦科这三个科中，数量很多。有的种类看起来具有扁平的"叶"，如蟹爪兰、假昙花、昙花、令箭荷花等，这些植物所谓的"叶"其实是茎。

茎多肉植物相对来说比叶多肉植物高大得多。虽然在叶多肉植物中，贝恩斯芦荟和两歧芦荟等也很高大，株高可超过10米，但茎多肉植物中，植株高度在10米以上的有很多，如仙人掌科的巨

人柱、翁柱、牙买加天轮柱、武伦柱、大凤龙、龟甲柱、华状翁和大戟科的冲天阁、翁烛台等。

很多茎多肉植物在幼年期或新生部位有叶，但这些叶都早落，其光合作用的功能由茎来代替，茎大多数呈绿色或近似绿色。

茎干多肉植物——睡布袋

3. 茎干状多肉植物

茎干状多肉植物是指植株在贴近地面处有膨大的茎干，这个膨大的茎干不同于块根，其绝大部分是露出地面的。

茎干的形状多种多样，有球形或半球形的（龟甲龙、睡布袋），有长球形的（何鲁牵牛），有圆盘形的（笑布袋），有花瓶形的（天马空、嘴状苦瓜），有不规则形状的（地不容）。有些种类茎干的表皮很厚，有的茎干外层有很厚的栓质树皮（龟甲龙），这些都有利于减少水分的蒸发。

当旱季来临或温度过高、过低时，茎干多肉植物的叶会迅速枯黄，甚至有时候细长枝条也会干枯，仅剩膨大的茎干裸露在地面上。而雨季来临时，茎干顶端的生长点又迅速抽生出嫩枝新叶。

有些茎干状多肉植物的茎干上没有枝条，而是直接抽生出丛生的叶。这种情况下，茎干上部往往有多处生长点，可抽生出几丛叶，如龙舌兰科的胡克酒瓶就是如此。还有一类茎干状多肉植物类似我们常见的乔木，但它的干特别粗，可储存较多水分。

 多肉植物的花与果实

1. 多肉植物的花

所有的多肉植物理论上都能开花。在实际栽培中，有的种类见不到花,一方面,由于我国栽培多肉植物的历史不长,很多种类还不到开花年龄;另一方面,很多种类在盆栽的条件,与同原产地的环境条件差异较大,因此较难开花。

仙人掌科植物在多肉植物中有较特殊的地位,一方面是由于它们具有刺座这一特殊的构造,另一方面是它们的花非常有特色,无论是花的大小和色彩,都是其他多肉植物难以相比的,如昙花属、蛇鞭柱属、量天尺属、仙人球属、鹿角柱属、仙人指属等,开出花都非常美丽。其花的形状以漏斗形和钟形为主,花筒长短不一,量天尺属、昙花属、蛇鞭柱属都有一些品种花长超过30厘米,而丝苇属和龙爪球属种类的花几乎没有花筒。

仙人掌科中,除雪光、翁锦等少数品种外花期都很短,单朵花一般只开两天。我们熟知的昙花只开几小时,土童属的一些品种往往只在中午阳光最强烈时开1小时。然而就整株而言,仙人掌科植物的花期还是很长的,因为它们的开花数量相当大,一些巨大的柱状仙人掌和许多球形仙人掌,每季开花几十朵至数百朵。例如,一些经过嫁接、培育多年的蟹爪兰植株,一个冬天能开花100～200朵;花色美丽的雪光,整个花期可从春节延续到4月初。

蟹爪兰

多肉植物中有不少品种是在冬天或早春开花的,如芦荟科中的珊瑚芦荟、好望角芦荟,番杏科的宝绿、银丽晃、旭峰,大戟科的麒麟冠、碧峦阁,以及很多十二卷属的种类。这些品种原产地冬季气候温和,降雨也相对集中,因此会在冬天开花。

火龙果

2. 多肉植物的果实

由于仙人掌科植物的果实具有鲜艳的颜色、果肉具诱人的香味,并且相当一部分品种的果肉酸甜可口,人和动物都很喜欢吃。这在其原产地对维持荒漠地区的生态系统有重大的意义,植物本身也借此扩大了自身群种的繁衍。在我国水果市场上常见的火龙果,就是仙人掌科量天尺的果实,重达600克,红色果皮非常吸引鸟类。

有些科的植物果实形态很特殊,如辣木科的种类,其长蒴果长可达70～100厘米;猴面包树的果实似一枚巨大的鸡蛋,长可达16厘米,奶白色的果肉味似奶油;葡萄瓮的果实为肉质浆果,鲜红欲滴,虽不似葡萄那样累累成串,但观赏性更高,还可以食用。

不同品种的多肉植物果实内种子的数量差异非常大,如仙人掌科中的叶仙人掌属,其每个果实内的种子不超过20粒;而巨人柱每个果实内有200粒种子;球形品种如新大地等,每个果实内的种子也相当多。

 多肉植物的常见分类

多肉植物在园艺上又被称为“多浆植物”。全世界共有多肉植物1万余种,它们都属于高等植物,绝大多数是被子植物。多肉植物在分类上隶属于50～60个科，常见的栽培种类包括仙人掌科、番杏科、大戟科、景天科、百合科、萝藦科、龙舌兰科和菊科。此外，还有凤梨科、鸭跖草科、夹竹桃科、马齿苋科、葡萄科的一些种类也可见于人工栽培。下面主要对家庭栽培中最常见的几个科进行简要介绍。

1. 仙人掌科

仙人掌科植物多数为多年生草本植物，少数为灌木或乔木状植物。该科有140属2 000余种，大多原产于美洲热带、亚热带沙漠或干旱地区，以墨西哥及中美洲为分布中心；少数分布在北纬53°加拿大的和平河，以及海拔3 000米的高寒积雪地区；只有苇枝属产于东非、马达加斯加及斯里兰卡；在我国栽培的有600余种。

仙人掌科又分为叶仙人掌亚科、拟叶仙人掌亚科、仙人掌亚科和仙人球亚科4个亚科。仙人掌科的多肉植物在形态和习性上也与其他科的多肉植物不尽相同，它们具有刺座这一特有器官。为了适应沙漠的缺水气候，仙人掌科的叶子演化成短短的小刺，以减少水分蒸发，亦是阻止动物吞食的武器；茎演化为肥厚多汁的形状。为方便起见，在园艺上又常将仙人掌科植物从多肉植物中单列出来，专称为仙人掌类植物或简称仙人掌类，而将其他科的多肉植物仍称多肉植物。

仙人掌

在家庭栽培中，较常见的仙人掌科植物有仙人掌、仙人球、蟹爪兰、昙花、令箭荷花和量天尺等。

2. 番杏科

番杏科植物是多肉植物中最大的科，约有136属，2 700种，为一年生或多年生草本或矮灌木。番杏科植物主要分布在非洲南部，也产

于非洲热带、亚洲、澳大利亚、加利福尼亚及南美洲。我国栽培种类主要有肉锥花属、露子花属、日中花属、虾蚶花属、生石花属、舌叶花属、银叶花属、仙宝属、龙骨角属、对叶花属、肉黄菊属、驼峰花属、照波属、春桃玉属、快刀乱麻属、鹿角海棠属和碧光环属。

冰叶日中花（冰草）

3. 景天科

景天科植物分布在北半球大部分区域，品种繁多，大约有35属，1 500余种，我国有10属约240种。景天科植物为多年生肉质草本，植株矮小，夏秋季开花，花小而繁茂，表皮有蜡质粉，气孔下陷，可减少蒸腾作用，是典型的旱生植物，无性繁殖力强，采个叶片即能种植生根。

景天科一般分为长生草亚科、伽蓝菜亚科和青锁龙亚科3个亚科。我国常见栽培的种类主要有伽蓝菜属、瓦松属、长生草属、拟石莲属、石莲属、天锦章属、银波锦属、青锁

青锁龙

龙属、石莲花属、厚叶草属、奇峰锦属和景天属。

4. 萝藦科

萝藦科植物为多年生草本、灌木、藤本,少数为乔木,全科约有250属,2 000多种,主要分布在热带和亚热带地区,我国有44属,243种,主要分布在南方各省。大多数萝藦科植物的花都有臭味,且形态各异,大者如小花丽杯阁,其茎高可达2米、直径可达11厘米,小的如有些玉牛角属的种类,高仅1～2厘米。常见栽培的种类主要有豹皮花属、球兰属、眼树莲属、吊灯花属和火星人属。

5. 大戟科

大戟科植物约300属,8 000余种,广布于全球,我国有66属,864种,各地均有分布,大部分种类都有毒。虽然大戟科的多肉植物种类数比萝藦科少,但该科中受多肉植物爱好者青睐的茎干状种类很多,喜欢栽培的人很多。常见的栽培种类有大戟属、红雀珊瑚属和麻疯树属。

斑叶红雀珊瑚

6. 百合科

百合科植物在全世界广泛分布,特别是温带和亚热带地区,全科约有230属,3 500种,中国约有60属,560种。其中,十二卷属植物株体不大,对光照要求低,栽培难度

寿

不高,而且园艺品种相当丰富,目前已成为多肉植物爱好者们收集、栽培的热点。除了十二卷属,常见的栽培种类还有芦荟属和虎眼万年青属。

7. 龙舌兰科

龙舌兰科植物包括多种生长在沙漠或干旱地带的植物,有18属,550～600种,分布在世界各地的热带、亚热带和暖温带地区。其中,龙舌兰属植物的叶片含纤维丰富,是重要的纤维作物;部分植物的汁液经发酵可制成带乳酪味的致醉饮料;丝兰属多数种具木质茎、带刺的叶和高高的花葶;龙血树属和虎尾兰属的花是非常重要的观赏花卉。

8. 菊科

菊科植物大多为草本植物,少数为木本植物,全科有1 000属,30 000种,主要分布在温带地区,热带地区很少。叶常互生,无托叶;头状花序单生或再排成各种花序,外形是由一至多层苞片组成的总苞。菊科中较为有名的多肉植物是千里光属和厚敦菊属。

佛珠

千里光属形态多变，深受广大多肉爱好者的喜爱，如佛珠、京童子、普西利菊、仙人笔、紫玄月等。厚敦菊属主要分布在南非和纳米比亚，全属植物约100多种。该属植物主要为块根块茎类，观赏性强，常见品种有蛮鬼塔、格加厚敦菊。

互动学习

1. 选择题

（1）量天尺的果实是我们平时食用的（   ）。

  A. 石榴   B. 火龙果

  C. 番荔枝   D. 樱桃

（2）多肉植物在夜间吸收（   ）。

  A. 二氧化碳   B. 一氧化碳

  C. 氧气   D. 氮气

（3）"冰叶日中花"就是我们通常食用的（   ）。

  A. 向日葵   B. 冰花

  C. 番杏   D. 冰草

（4）厚敦菊属植物主要是（   ）类。

  A. 叶多肉   B. 茎多肉

  C. 茎干状多肉   D. 块根块茎

（5）景天科植物的表皮有蜡质粉，气孔下陷，是为了（   ）。

  A. 减少蒸腾   B. 呼吸作用

  C. 保温   D. 保湿

2. 判断题

（1）多肉植物的原产地每年都有旱季。 （   ）

（2）多肉植物的分布中心主要是在非洲和亚洲。 （   ）

（3）绝大多数多肉植物是在夜间放出氧气的。 （   ）

（4）有些叶多肉植物的老叶不脱落，而是向下包住茎，形成叶

裙,可起到减少蒸腾和避免动物破坏的作用。　　　　　　（　　　）

（5）萝藦科植物的花气味都很香。　　　　　　（　　　）

参考答案：

1.选择题：（1）B；（2）A；（3）D；（4）D；（5）A。

2.判断题：（1）√；（2）×；（3）×；（4）√；（5）×。

第二章 多肉植物的种植环境与种植技术

 简明学习

家庭种植多肉植物需要为其提供适合的温度、湿度及光照环境。在上海地区，夏季高温高湿都需要通风降温等措施调节种植环境，维持空气的流动和交换。在种植多肉植物之前必须了解该品种的基本习性，如原生境情况、生态类型、原产地气候变化情况等，只有在充分了解认识后才能为其创造最适宜的种植环境。

 多肉植物的种植环境

> 温度和光照

多肉植物通常喜欢温暖的环境和较大的昼夜温差。除了附生类型的仙人掌和十二卷属的种类外，其他种类需要充足且柔和的光线。附生类型的种类除冬季外都应遮阳，遮阳度应为50%～70%，夏季注意降温。虽然昙花和令箭荷花都有一定的耐寒性，但在冬季保持温暖有利于翌年开花。作为砧木使用而大量栽培的量天尺不耐寒，冬季至少要维持在5℃并要求充分照射阳光。

令箭荷花

大多数陆生类型的仙人掌类在白天28～35℃、晚上10～15℃的条件下生长最旺盛；室内温度经常高于35℃时，植物生长会停滞，高地性球类和毛柱类的部分种还很容易腐烂。因此，种植这类植物时必须降温，但不能为了降温而像对待附生类型种类那样减少太多的光照。

大多数陆生类型种类在冬季保持盆土干燥的状态下，能耐2℃甚至0℃的低温，但不能直接经霜受雪。原产于加勒比海地区的花座球属种类和冬季开花的球形种类则要维持较高的温度。

夏季生长的多肉植物，基本上可参照陆生类型仙人掌类来调节温度。它们对光线的要求则相对较低，一些具膨大茎基的种类不耐寒，冬季应维持较高温度。

冬季生长的多肉植物，在夏季休眠期内要通风降温保持凉爽，冬季要求阳光充足，最低温度维持在7℃以上。番杏科大部分种类、景天科奇峰锦属、夹竹桃科惠比须笑、高山型仙人掌如月想曲、白虹山等，夏天时的种植温度最好不要超过32℃，特别是晚上的温度应尽量降低，有条件的最好控制在22℃以下。

➤ 水分

植物的生长发育离不开水，同样多肉植物在生长期也不能长期断水。一般来说高温季节保持一周浇水一次的频率即可，保持盆土见干见湿。夏型种当天气转凉时，要逐渐延长浇水频率，等盆土明显干透后再浇透水。冬型种则要保证春季及秋季水分养护充足，以满足植物正常生长及发育的需要。一般来说，大部分多肉植物在冬季休眠，这时有必要控制水分,根据种植环境光照情况补充少量水分即可,部分品种甚至可以断水越冬。在生长过程中切记不要将盆栽的多肉植物长时间泡在水中,水分过多是导致家庭种植的多肉植物死亡的直接原因。

> ➤ 盆土和介质

1. 盆土

种植多肉植物,要求土壤疏松透气、排水良好,但有一定保水能力,呈中性或微酸性。常用的盆土有以下几种。

(1)肥沃园土:是指经过改良、施肥和精耕细作的菜园或花园中的肥沃土壤,一般是去除杂草根、碎石子并确保无虫卵后,再打碎、过筛,呈微酸性。

(2)腐叶土:由枯枝落叶和根腐烂而成的土壤,以落叶阔叶树林下的腐叶土最好,其次是针叶树和常绿树阔叶树下的腐叶土。

(3)培养土:常以一层青草、枯叶、打碎的树枝与一层普通园土堆积起来,并浇入腐熟饼肥或鸡粪、猪粪等,让其发酵、腐熟后,再打碎过筛。

(4)泥炭土:为古代湖沼地带的植物被埋藏在地下,在淹水和缺少空气的条件下,分解不完全的特殊有机物。

2. 介质

(1)苔藓:是一种植物性材料,具有疏松、透气和保湿性强等优点。

(2)珍珠岩:是天然的铝硅化合物,材料较轻,透气性、保水性良好,质地均一,但保肥性较差,易浮于水上。

(3)蚯蚓土:蚯蚓土呈颗粒状,有机物质含量特别丰富。据介绍,污泥垃圾经蚯蚓消化吐出,氮增加5倍、磷增加7倍、钾增加11倍。

(4)蛭石:蛭石是一种矿物质,一般使用颗粒直径2～4 mm的蛭石作为多肉植物介质，它能很好地平衡空气和水的比例，同时具有很强的保肥能力。但蛭石pH较大（中性至偏碱性），最好和泥炭等混合使用。

（5）赤玉土：赤玉土原料是日本北部地区的火山灰堆积物，具高通透性，黄色颗粒状，成分中钙、镁、铁均多，pH6.9。中等颗粒的赤玉土（颗粒直径2～7毫米）适用性最为广泛，小颗粒的通常用作育苗的介质。

（6）鹿沼土：鹿沼土产于日本鹿沼地区，是下层火山土生成的高通透性火山沙，和赤玉土相比，其含钙多，镁、铁的含量较少，pH6.1。鹿沼土有很强的蓄水、透气能力，但肥力不足，宜和泥炭、腐叶土和赤玉土混合使用，更适用于亚高山型种类，或用在组合盆景中。

其他介质还有轻石、桐生沙（适合生石花一类）、日向土（一般作为排水物）、植金石和富士沙等。

介质
从左至右、从上至下依次为：泥炭+珍珠岩、鹿沼土（大粒）、火烧石、赤玉土（细）、
鹿沼土（细）、赤玉土（粗）、兰石、白石和轻石

通常先在盆底放粗粒的排水物,如植金石、轻石等。其中植金石不但有排水、透气的功能,还具一定的营养物质,待翻盆时可以看到根牢牢地吸附在植金石上。种植用土的配制常有两类,一类以赤玉土和鹿沼土为主,加一定比例的日向土,有时稍加点泥炭和砻糠灰;另一类是泥炭、蛭石(或珍珠岩)加小颗粒轻石,有时加一点砻糠灰。

市场上购买的土壤和介质大多无菌无虫,因而几乎不需要消毒。但如果介质中有园土、腐叶土,或已使用过的旧介质,最好经过消毒处理,如阳光暴晒法等,需要注意的是,暴晒时不要掺入泥炭,否则晒干后水很难再渗透进去。

➢ 肥料

家庭中有机肥的来源主要有各种饼肥、禽兽粪肥、骨粉、米糠、鱼鳞肚肥等,经过腐熟发酵而成,这类肥料肥效长、不易引起烧根等肥害,但是获取困难,且异味重。无机肥有碳酸铵、尿素、硝酸铵、磷酸铵、磷酸二氢钾、氯化钾等,也就是我们常说的化肥,其优点是肥效快,养分高,但使用不当容易伤害植株。

目前市场上可以购买到的肥料种类很多,且有不同的营养配比,可根据不同品种进行选择。但如龙舌兰、芦荟及用量天尺作砧木的仙人掌类植株宜施有机肥,种植效果非常明显。肥料的使用方法要因品种而异,除了在上盆或翻盆时添加肥料作为基肥外,大部分多肉植物还需要追肥。

➢ 通风

在家庭种植中,控制多肉植物生长所需的温度、湿度在很大程度上依赖通风降温。在上海地区,需要通风降温的天数远远超过需要加温的天数,即使是在冬天,室内也要维持空气的流通和交换。

在下列几种情况下,应特别注意室内的通风:

（1）植株受到介壳虫、粉虱等的侵害。

（2）芦荟等植株叶面出现黑斑。

（3）培育小苗的土壤或介质上长出青苔。

（4）植株被修剪或切顶时造成较大伤口。

 多肉植物的种植技术

➢ 种植工具

1. 盆器

（1）塑料盆：又称合成树脂花盆，质地轻巧、造型美观、价格便宜，但透气性和渗水性较差，使用寿命短。

（2）陶盆：造型和体积变化大，带有浓厚的乡土气息，透气性好，不容易积水，不足的是容易破损。

（3）瓷盆：涂有各色彩釉，有的还绘上精美的图案或画面，比较漂亮，常用作套盆，但透气性和渗水性差，极易受损。

（4）木盆：常制作成各种异型盆器，但容易腐烂。

（5）紫砂盆：又叫宜兴盆，外形美观雅致，价格昂贵，透气性和渗水性差，容易损坏。

（6）玻璃器皿：包括各种式样的玻璃制品，造型别致，规格多样，但容易破损。

2. 小工具

（1）小型喷雾器：用来增加空气湿度，一般刚购买盆栽植株后和夏秋季空气干燥时，向植株和盆器周围喷雾。喷雾器还可用来喷药喷肥。

（2）浇水壶：常见有铁皮和塑料做成的，主要用于日常浇水和施肥。

种植小工具

（3）小铲子：用于搅拌种植用的基质，换盆时铲土、脱盆、加土等。

（4）修枝剪和小剪刀：剪取插条和修剪整形，以及剪取细竹竿作支撑物。

（5）嫁接刀：繁殖工作的必需品，有时也用刀片代替。

（6）毛笔和竹签：毛笔用于人工授粉，竹签用于播种苗的移栽。

➤ 上盆与翻盆

当播种的植物长出4～5片嫩叶或者扦插的植物已生根时，就要移到大小合适的花盆中，这个操作过程叫做上盆。当盆栽植物生长到一定时期，根系布满盆内时，需要换盆，这个操作过程叫做翻盆。

上盆和翻盆一般应在植物休眠刚结束的复苏期进行。上盆前要修根，修根后要晾几天再用潮湿的培养土栽种，种好后适当遮阳并不要急于浇水，一个月内不要施肥。长江流域一般在3月初和9月初集中翻盆。9月初主要对夏季休眠的生石花、肉锥花等多肉植物和用量天尺嫁接的仙人球进行翻盆,其他种类和植株主要在3月翻盆。

所有盆栽的植株都应该定期翻盆。有些生长缓慢但株型大的植株,由于使用的盆大,不一定每年翻盆,根据情况可隔1~2年翻盆一次。一般中小型植株最好每年翻盆一次。

> 浇水与施肥

无论冬季休眠还是夏季休眠的种类,在休眠期都要停止往盆内浇水;而对生长旺盛期的植株应充分满足其对水分的需求。小苗浇水次数要多,大球次数要少;附生类型浇水次数多,陆生类型次数少;现蕾开花期多浇水,花谢果落后少浇水;叶多而薄的种类多浇水,叶厚而少的少浇水。

夏天最好在清晨浇水,特别是生石花、肉锥花等对水比较敏感的种类,以清晨浇水后傍晚盆土表面已干燥为宜。冬天需要浇水时一定要选择温度较高的晴天,一般为上午10~11时。

施肥应在生长旺盛期、现蕾期进行。常用的有机肥有饼肥、动物粪便、鱼缸内清理出的粪便等,都要用水沤制待其发酵腐熟,复合肥料最好用进口的,养分齐全释放慢,可直接稀释600~1 000倍使用。施肥前,盆土应基本干燥,施用时应尽量避免肥料直接接触茎和叶。施肥宁淡不浓,需要时可多施几次。如果植物根部损伤、生长不良、茎叶有伤口等,则禁止施肥。

> 病虫害防治

防治的重点其实是"防",应改善栽培环境,不给病虫害蔓延的条件。通常容易蔓延的虫害是红蜘蛛、介壳虫、鼠妇等。

红蜘蛛最喜干而热的环境,但35℃左右的高温期并不是它的多发期,30℃左右的干燥天气最易蔓延。斑锦属的绯牡丹、朱丽锦、山吹及菠萝球属、多棱球属的种类最易受其危害,而且危害后不易消灭干净,其会隐藏在球体上过冬,来年气候适宜时继续大量繁殖。植株上一旦出现红蜘蛛后,球体上会出现铁锈色或白色,应及时喷布杀螨剂,每隔3天喷一次,至少应连喷3次,直至全部杀死。

介壳虫通常在潮湿、不通风的条件下蔓延,长势差的植株首先被其侵害。为预防介壳虫,一方面环境要尽可能通风,特别是浇水之后,使土壤表面尽快干燥,植株上尤其要少喷水;另一方面植株要定期翻盆,使根系保持良好长势,按需要及时浇水、施肥。平时对植株要勤加检查,一旦发现介壳虫少量出现时可立即刮除后喷药,药剂可用杀扑磷800～1 000倍液;而当介壳虫大量发生时,刮除不方便,可直接喷此液,连续3次(隔天进行),也有效果。

各种病害发生的原因通常是空气湿度过高,盆土表面持续潮湿;肥料未彻底腐熟,培养土中含有未彻底腐熟的有机质,等等。出现病害时,常用的药剂有多菌灵、托布津、百菌清等。

➢ 有性繁殖

1. 自然界中的开花与授粉

多肉植物的花芽分化至开花的时间长短因种类不同而异,如秘鲁大轮柱和量天尺属的种类为30～35天,太朗阁为40天,仙人掌属种类为40～50天,大花埂刺柱为45～60天。而有一些一次性开花的种类,花芽分化至开花要很长时间,如多刺龙舌兰从花序出现到开花历时130天。

大多数多肉植物都是依靠动物传粉,如蜜蜂、大蛾、蝙蝠、鸟类,甚至蝇类等。依靠鸟类传粉的植株相对高大,花序高、花多、色彩鲜艳;依靠蜜蜂传粉的多为细弱的草芦荟,花序高不超过50厘米,花朵较少,色彩不艳丽;天蛾一般晚上活动,如昙花属、海胆球属、蛇鞭柱属等部分晚上开花的种类依赖天蛾传粉;还有一些夜间开花的种类则是依靠蝙蝠传粉,这类花往往花筒粗壮、蜜腺丰富但气味不佳,如武伦柱、朝雾阁、新绿柱等。

2. 人工播种

人工有性繁殖多肉植物时,多采用播种的方式,种子可以在市场上购买到。播种通常用浅盆,使用的介质可比种植成株使用的营养成分更丰富一些,装盆要讲究,盆和土都要事先消毒,排水物、粗粒土、细粒土、纯净沙一层一层装好、铺平、略压实后才可播种。

种子细而多时可撒播,如果太细小可混点细土一起撒,以利均匀。种子大而少时可点播,特别是名贵品种最好采用点播。点播时用尖头筷子沾上70%的酒精,然后立即沾一粒种子点入土中,入土不必太深。撒播和点播完毕后应立即喷上杀菌剂,一小时后再洇水,然后盖上清洁的玻璃。

种子未出苗前需要洇水,即在盆下垫一浅的水盘,少量注水,使水透过盆底的排水孔慢慢渗进土中,维持盆内湿度。苗出齐后,大粒种子出的壮苗就不一定再盖玻璃,极细小的苗应继续盖玻璃。此时,水盘内就不一定要求始终有水了。

待到子叶上出刺或长出真叶后,可进行第一次移植。第一次移植用土应基本和播种用土相同,盆和土都必须事先消毒。苗必须随取随种,株间行距要适中。移植后将土铺平整,随后即喷洒杀菌剂,一小时后洇水,不一定再盖玻璃。

此时可通过苗的颜色、形态,判断光照是否适宜:绿色中稍带淡红色,顶端大基部小,说明光照适中;苗明显呈红色,说明光照太强;苗顶端渐尖,说明光照严重缺乏。

> 无性繁殖

1. 扦插

家庭种植的多肉植物,主要采用扦插的方式进行繁殖,常用的有叶插法和茎(枝)插法。景天科风车草属、伽蓝菜属、天锦章属的种类都能进行扦插,放在介质上就能生根发芽。百合科十二卷属的叶也能插活,但叶基部必须插入介质中,而且时间相对要长。一般选择健康、

叶插法

饱满、表面无伤的叶片。叶片取下后,晾置2～3天,时间宁长勿短,待伤口充分愈合之后再进行扦插。扦插时将叶片平置于扦插基质表面,或稍微倾斜,将叶柄少量埋入基质中。然后放置在阴凉处,并保持空气湿度和环境温度。

有些品种用叶插法虽能插活,但不如茎(枝)插法快。如景天科的筒叶花月,如把茎枝顶端剪下扦插,很快能长出很多芽,而且芽的生长速度比叶插法的快得多。

茎插法常在下列情况下使用:① 柱状的仙人掌类和大戟科种类;② 球形仙人掌类的仔球;③ 叶多肉植物根基处或叶腋处萌生小芽。一般挑选健康植株的侧枝或者顶枝,切下,尽量多留叶片,以利于光合作用的进行。待伤口晾干、充分愈合之后再进行扦插;或者在伤口处涂抹杀菌粉剂;或在阴凉处晾置3～5天,时间宁长勿短,如果忙着扦插只会提高枝条感染和腐烂的可能性。

球形仙人掌类产生的仔球分

茎插法

两种情况：① 轻轻一掰即可取下仔球，取下后可立即扦插；② 需要用小刀挖取仔球，取下后应将伤口晾干才能扦插。所有球形的插穗只要浅埋在介质上就可以生根。

扦插的介质要潮润但不能太湿，在气温18～24℃的条件下，插穗很快就能生根。在未生根时最好不要松动介质，也不要使柱状插穗倒下，只要插穗不枯萎，基部不腐烂，一般都会生根。如果要在冬季扦插，应放入保温箱或将盆用薄膜袋套住，如有加热装置维持20℃，那么生根更有把握。

2. 嫁接

多肉植物中有些变异的品种虽然自根也能生长，但根系很弱不易长好，也容易返祖，如斑锦变异种中全红色的绯牡丹、全金黄色的朱丽锦等，还有一部分珍稀品种自根生长极易腐烂，如飞鸟、斑鸠等。这些品种最好采用嫁接的方式进行繁殖，嫁接常用的方法有平接、劈接和斜接。

嫁接一般于春秋两季实施。嫁接时最好选择连续三天晴天的中午最好，因为空气干燥，可防止伤口感染、腐烂。砧木和接穗在嫁接前一周不要浇水，以保证植株内浆液黏稠，提高嫁接的成活率。关于嫁接的刀具没有很高的要求，只要锋利就可以了。每次使用前，刀具都要用杀菌剂（如高锰酸钾等）进行消毒。

嫁接时需要注意，有一些品种如白龙球等植株内有白色乳汁，要在白色乳汁流出之前完成嫁接操作。嫁接后的愈合期管理要耐心，否则成活率不高。一旦新刺长出就说明嫁接成功，此时可给以全光照。

 互动学习

1. 选择题

（1）量天尺属于什么类型的仙人掌？（　　　）

　　A. 附生　　　　　　B. 地生　　　　　　C. 水生

（2）昙花什么时候开花？（　　　）

    A. 白天　　　　　　B. 傍晚　　　　　　C. 夜晚

（3）冬种型植物什么季节休眠？（　　　）

    A. 夏季　　　　　　B. 春季　　　　　　C. 冬季

（4）植物进入休眠状态，叶和嫩枝枯萎脱落，或者叶向内弯曲包成球形，是为了什么？（　　　）

    A. 增加光照　　　B. 保温　　　　　　C. 减少水分蒸发

（5）使用化肥的优点是什么？（　　　）

    A. 肥效快、养分高

    B. 易溶于水、方便

    C. 营养元素多，价格便宜

2. 判断题

（1）禽兽粪肥、骨粉、米糠、尿素都是有机肥。　　　　　　（　　　）

（2）珍珠岩是种人工合成的铝硅化合物。　　　　　　（　　　）

（3）碳酸铵、尿素、硝酸铵、磷酸铵、磷酸二氢钾、氯化钾都是无机肥。　　　　　　（　　　）

（4）分株繁殖不要避开低温与高温期。　　　　　　（　　　）

（5）生长旺盛期、现蕾期不应进行施肥。　　　　　　（　　　）

参考答案：

1. 选择题：（1）A；（2）C；（3）A；（4）C；（5）A。

2. 判断题：（1）×；（2）×；（3）√；（4）×；（5）×。

第三章　适合家庭栽培的多肉植物品种

简明学习

在花卉市场和网络销售平台上,可供家庭种植的多肉植物的品种极为丰富。老年朋友在选择种植的种类时,要根据自身情况及周围环境选择合适的、易栽培的、具观赏价值的品种,尤其是初学者,不要盲目跟风种栽培难度较高的品种。

景天科多肉植物

魔南景天

1.魔南景天

【属名】魔莲花属。

【形态特征】景天科中的小型种类,群生一盆十分有趣。肉质叶很小且排列紧密,呈莲座状或卵圆球状,翠绿色。花期大多比较长,一般从冬末到夏初,可以持续3~4个月,娇滴滴的黄绿色系小花朵开放一茬又一茬,非常惹人怜爱。

【养护要点】极容易群生的品种。喜欢日照,但夏季叶片极容易晒伤,应注意做好遮阳措施。生长季节对水分需求较多,通风良好的情况下可经常浇水。几乎一年四季都可以生长,冬季低温应注意保温,容易冻伤。在上海地区越夏较为困难,要尽量少浇水。

2. 花月夜

【属名】莲花掌属。

【形态特征】历来有"最美多肉普货"之称,是标准的莲花株型,有厚叶型和薄叶型两种。叶子勺形,叶尖有红边,日照充足的情况下叶边会变红。花期在春季,花黄色,为铃铛形。

【养护要点】喜光照,耐干旱。春秋季节是生长旺季。

花月夜

3. 静夜

【属名】拟石莲属。

【形态特征】静夜的小型品种单个直径为6～8厘米,大型品种可达12厘米。叶子倒卵形或楔形,具短尖,长3～4厘米,宽2～2.5厘米,淡绿色,具白霜,叶缘和叶尖通常泛红。花序4根或更多,上有蝎尾状聚伞花序,约10厘米长,有时2根,每根上开5朵或更多的花;花梗向上,最长达12厘米。

【养护要点】夏季日照强烈时会休眠,要适当遮阳,减少浇水量。对药物比较敏感,用药时要注意,尽量不要喷洒到叶片。很容易群生,日照充足的时候,叶尖会变红,非常可爱。

静夜

4. 钱串景天

【属名】青锁龙属。

【形态特征】即通常所说的"钱串"。枝条和个头都较小,是多年生肉质草本植物,植株呈亚灌木状,高约60厘米,具小分枝,茎肉质以后稍木质化。叶灰绿至浅绿色,叶缘稍显红色,交互对生,卵圆状三角形,无叶柄,基部连在一起。叶长1.5～2.5厘米,宽0.9～1.3厘米。花期为4～5月,花白色。

【养护要点】属于冬型种,即有冷凉季节生长,夏季高温时有休眠的习性。喜欢阳光充足、凉爽干燥的环境。每年的9月至第二年的4月或5月为生长期,应给予充足的光照。对水分需求较少,忌闷热潮湿。

钱串景天

5. 仙女杯

【属名】仙女杯属。

【形态特征】叶片颜色分为白色和绿色两种,具不分枝的短茎,短茎会随着生长而逐渐伸长。短茎上有40～120枚叶组成的大莲座叶盘。叶片剑形,先端尖,叶片表面覆盖有如粉笔灰般的蜡质粉,起到保护叶片、减少水分蒸腾的作用。黄色星状花组成有分枝的花序。

【养护要点】较喜欢日照,充足日照会使叶色艳丽,株型紧实美观。日照太少则叶色浅,叶片排列松散。对高温特别敏感,夏季高温时会进入休眠期,要加强通风,减少浇水甚

仙女杯

至断水。春秋季节正常浇水即可,很快就能恢复状态。1～2年换盆一次,盆径可以比株径大3～6厘米,这样可促进植株成长。

6. 熊童子

【属名】银波锦属。

【形态特征】多年生肉质草本植物,植株多分枝,呈矮小灌木状,植株高30厘米。茎圆柱形,密被短绒毛,茎绿色。叶片肥厚肉质,倒披针形至长卵圆形,扁匙状,交互对生。叶绿色,表面密被白色极细短绒毛,叶端具缺刻,前1/3具红色爪样齿,形似熊掌而得名。二歧聚伞花序,长16～20厘米,花茎红色,基部直径4毫米。花期为7～9月,花冠橙色。

【养护要点】较喜欢阳光,宜在温暖干燥和阳光充足、通风良好的环境中生长,忌寒冷和过分潮湿。

熊童子

7. 乙女心

【属名】景天属。

乙女心

【形态特征】多年生亚灌木,茎叶肉质,株高5～30厘米。叶片簇生于茎顶,圆柱状,淡绿色或淡灰蓝色,叶先端呈红色,叶长3～4厘米。花小,黄色。

【养护要点】喜欢阳光充足、温暖干燥的环境,生长迅速,枝干处易生出新芽,因此很容易成群而生,非常壮观美丽。在强光下或昼夜温差大,或冬季低温期,叶色会慢慢由淡粉红变为深红色。光照不足则叶色呈浅绿色或墨绿色,叶片拉长。

8. 紫珍珠

【属名】拟石莲花属。

【形态特征】在生长季或光照不足的情况下,叶色呈深绿色或灰绿色。进入秋季,日照强度增加、温差加大后,叶片会转变为紫色。夏末秋初从叶片中长出花茎,绽放出略带紫色的橘色花朵。

紫珍珠

【养护要点】适应能力极强,喜欢日照,但不耐烈日暴晒。对水分需求不多,喜欢通风良好的环境和排水性良好的沙质土壤,空气流通不良容易滋生病虫害(介壳虫)。无明显休眠期。

9. 火祭

【属名】伽蓝菜属。

【形态特征】植株丛生，长圆形肉质叶交互对生，排列紧密，使植株呈4棱状，叶面有毛点，在光照充足的条件下叶呈浅绿色至深红色。秋末至春季由于昼夜温差较大且阳光充足，叶色更为鲜艳。聚伞花序，花黄白色。

火祭

【养护要点】喜凉爽、干燥和阳光充足的环境和排水性良好的沙质土壤，耐干旱，怕水涝，具有一定的耐寒性。在半阴或荫蔽处植株虽能生长，但叶呈绿色。

10.露娜莲

【属名】拟石莲花属。

【形态特征】一种非常漂亮的石莲花，由丽娜莲和静夜杂交而来，与两者都非常相似，是拟石莲花属中的代表品种之一。株高5～7厘米，莲座直径一般为8～10厘米，老株直径可达20厘米。叶片肉质，有白色霜粉；卵圆形，先端有小尖，边缘半透明；一般呈灰绿色，在阳光充足、温差大的环境下变为淡粉色或淡紫色。冬季或春季开花，聚伞花序，花淡红色。

露娜莲

【养护要点】较喜欢日照，对水分的需求不多，春秋生长季节晴天可以多浇水，增加日照时间及通风，就可防止因浇水过多而造成的植株徒长。在夏季温度过高时会有短暂的休眠期，需要遮阳，减少浇水量，并加强通风。

趣蝶莲

11. 趣蝶莲

【属名】伽蓝菜属。

【形态特征】株形奇特，对称的叶片宽大肥厚，富有光泽，叶缘处的红色鲜艳醒目，长而细的花萼从叶腋处抽出，花悬呈垂铃状，黄绿色。有趣的是，当植株长到一定大小时，叶腋会抽出细而长的匍匐枝（走茎），每个匍匐枝顶部都会生出形似蝴蝶的不定芽，这些不定芽很快就会发育成带根的小植株，因这些小植株形似翩翩起舞的蝴蝶而得名。

【养护要点】宜温暖干燥和阳光充足的环境，耐干旱和半阴，怕低温和积水。栽培中不宜浇水过多，以免因盆土过湿而引起根部腐烂，但可在空气干燥时向叶面喷水。

12. 黑王子

【属名】石莲花属。

【形态特征】仅有的几种黑色多肉植物之一。植株具短茎，肉质叶排列呈标准的莲座状，形似黑色的莲花，生长旺盛时其叶盘直径可达20厘米，单株叶片数量可达百余枚。叶片匙形，稍厚，顶端有小尖，叶色黑紫。聚伞花序，花红色或紫红色。子株坚韧而繁多。

【养护要点】较喜欢光照，日照增多叶片会慢慢变红，最后变为黑色，日照不足则为绿色。通风不好容易滋生介壳虫，对水分需求不多。喜欢松软土质，介质里颗粒太多底部叶片容易干枯

黑王子

脱落。夏季短暂休眠,冬季持续生长。养护得当,春秋都可以开花,从出花箭到花谢周期特别长。

13. 落地生根

【属名】落地生根属。

【形态特征】多年生草本,高可达150厘米,茎有分枝。羽状复叶,长10～30厘米,小叶长圆形至椭圆形,长6～8厘米,宽3～5厘米,先端钝,边缘有圆齿,圆齿底部容易生芽,芽长大后落地即成一新植株。花期为1～3月,

落地生根

圆锥花序顶生,长10～40厘米;花下垂,花冠高脚蝶形,长2～4厘米;花基部稍膨大,向上呈管状,淡红色或紫红色。

【养护要点】常用叶插繁殖。温暖季节将成熟叶片采下,平铺在湿沙上,数日即可在叶缘缺处生根成活长出小植物,长出后即可割取移入小盆内。落地生根适应性很强,只要给予充足的光照,生长期多浇水,一般每月施肥一次,就能长得很健康了。

14. 燕子掌

【属名】青锁龙属。

【形态特征】常绿小灌木。茎圆柱形,老茎木质化,呈灰绿色,嫩枝绿色。叶长椭圆形,对生,扁平,肉质,全缘,先端略尖,略呈匙状,长35厘米,宽23厘米,叶色翠绿有光泽。夏秋季节开花,花瓣五

燕子掌

枚,伞房花序,花白色或浅红色。

【养护要点】喜温暖、干燥、通风的环境。耐寒力差,喜阳光,稍耐半阴。

黄丽

15. 黄丽

【属名】景天属。

【形态特征】植株具短茎,肉质叶,排列紧密,呈莲座状,叶片匙形,顶端有小尖。叶片表面附蜡质,呈黄绿色或金黄色,偏红。长期生长于阴凉处时叶片呈绿色,光照充足的情况下,叶片边缘会泛红。花单瓣,聚伞花序,花浅黄色。

【养护要点】喜阳光充足、温暖、干燥的环境,非常耐高温天气,但夏天的时候要少浇水,否则容易腐烂。

16. 筒叶花月

【属名】青锁龙属。

【形态特征】植株呈多分枝的灌木状,茎很明显,圆形,表皮黄褐色。叶互生,在茎或分枝顶端密集成簇生长,肉质叶筒状,长4～5厘米,直径0.6～0.8厘米,顶端呈斜的截形,截面通常为椭圆形,叶色鲜绿,有光泽,冬季其截面的边缘呈红色,非常美丽。

【养护要点】在我国大部分地区,夏季高温对其生长稍有影响,其余季节都表现良好。习性强健,喜温暖、干燥、

筒叶花月

阳光充足的环境,耐干旱和半阴,不耐寒。除盛夏高温时要避免烈日暴晒外,其他季节都要给予充足的光照。分枝很多。

17.薄雪万年草

【属名】景天属。

【形态特征】多年生草本,根是须根性。茎匍匐生长,接触地面容易生长不定根。叶片棒状,表面覆有白色蜡粉。叶片密集生长于茎端,茎部的下位叶容易脱落。开花期在夏季,花5瓣星形,色白略带粉红。

【养护要点】喜全日照,半日照也能生长,但叶片排列会较松散,耐干旱性强,生长迅速。怕热耐寒。

薄雪万年草

18.姬星美人

【属名】景天属。

【形态特征】多年生肉质植物,株高5～10厘米,茎多分枝,叶膨大互生,倒卵形,长2厘米,深绿色,在阳光照射下非常鲜艳。春季开花,花淡粉白色。

【养护要点】喜温暖干燥和阳光充足环境。较耐寒,耐干旱,怕潮湿。宜用肥沃、疏松和排水良好的沙质土壤。生长适温为13～23℃,冬季温度不低于5℃。夏季高温受强光照时,适当遮阳,时间不宜过长,否则茎叶柔嫩,易倒伏。春秋生长季节浇水应"干透浇透",两次浇水之间保持盆土适度干燥,冬季和夏季高温休眠期

姬星美人

要控制浇水量,宁干勿湿。

19. 特玉莲

【属名】石莲花属。

【形态特征】褶皱的叶片是一大特点,叶片呈白色略带蓝色。叶片基部为扭曲的匙形,两侧边缘向外弯曲,导致中间部分拱突,而叶片的先端向生长点内弯曲。叶呈莲座状,叶背中央有一条明显的沟,表面覆有一层厚厚的天然白霜,抹掉白霜后呈蓝绿色或灰绿色。叶长6～8厘米,宽2.5～4厘米。拱形总状花序。

特玉莲

【养护要点】在光照充足的环境下,叶片紧凑,呈现出淡淡的粉色。光照越充足,昼夜温差越大,叶片色彩越鲜艳。喜凉爽、干燥的环境和排水良好的沙质土壤。对水分需求不多,如果过度潮湿很容易腐烂,切忌浇水过多。很容易从最底处长出小苗,可掰下部分叶片防止阻碍小苗生长。

20. 蛛丝卷绢

【属名】长生草属。

【形态特征】单株直径1.5～3.5厘米。植株较矮,接近球形,贴地而生。有大量蜘蛛网般质地的绒毛缠绕在叶尖,野生植株的绒毛可能在秋、冬季消失。野生状态下叶片排列极紧密,极易分株,侧芽长大后会形成稠密的簇状。叶片扁平,一般为嫩绿色。花瓣粉色,有深色条纹。

蛛丝卷绢

【养护要点】比较耐寒的品种,属于冬型种,春天和秋天是生长期。喜欢凉爽、干燥、通风良好的环境。对高温敏感,夏季休眠时容易腐烂,应特别注意加强通风和减少浇水。浇水尽量避免植株中心,否则丝状物会消失。繁殖方式主要是分株繁殖,分出小苗后剪下扦插即可。生长速度快,易群生。在土壤排水性良好、阳光充足、温差大(或低温)的环境下,叶片背面变红或变紫。开花后死亡。

21. 姬胧月

【属名】风车莲属。

【形态特征】多年生草本植物,株形和石莲花属极为相似,但不是瓶状花或钟状花,而是星状花,黄色,花瓣被蜡。叶排成延长的莲座状,被白粉或叶尖有须。叶呈瓜子形,先端较尖,朱红色略显褐色。

姬胧月

【养护要点】几乎全年都能生长,喜欢光照,缺少光线叶片会变为绿色,枝干拔高,但不影响生长。日照时间增加后整株变红,特别容易枝干化。喜干燥,浇水忌太湿。叶片很容易碰落,碰落的叶片可以进行叶插。

22. 观音莲

【属名】长生草属。

【形态特征】叶片扁平细长,前端急尖,莲座状环生,叶缘有小绒毛,光照充足的环境下,叶尖和

观音莲

叶缘呈咖啡色或紫红色。

【养护要点】喜阳光充足和凉爽干燥的环境。可全日照,对水分需求不多,忌高湿、闷热、积水。容易被介壳虫寄生,特别是根粉蚧。新拿到的植株一定要洗根、晾干再上盆,原土壤全部丢掉。

虹之玉

23. 虹之玉

【属名】景天属。

【形态特征】多年生肉质草本。株高10~20厘米,多分枝。肉质叶膨大互生,圆筒形至卵形,长2厘米,绿色,表皮光亮,在阳光充足的条件下渐渐变为红褐色。

【养护要点】耐寒,也不怕烈日暴晒,其叶色越晒越红,盛夏也不必遮光;在半阴处生长的植株叶色则翠绿光亮。新叶因光照时间较短,往往顶端为红色,其他部分仍为绿色。喜温暖及昼夜温差明显的环境,对温度的适应性较强,在10~28℃之间均可良好生长。

24. 石莲花

【属名】拟石莲花属。

【形态特征】肉质厚实,叶片形状如宝石一般,叶片重叠簇生在一起,酷似一朵盛开的莲花。叶片上有一层薄薄的白粉。

【养护要点】非常喜欢光照,可全日照,缺少光照会影响其生长。对水分需求不多,浇水时应避开叶片中心。生长较为迅速。

石莲花

25. 雪莲

【属名】石莲花属。

【形态特征】通常不出侧芽或分枝。叶片呈倒卵形，宽大肥厚，顶端圆钝或稍尖。成株叶片长5.0～8.5厘米，宽3～4.5厘米，厚0.3～0.8厘米。灰绿色的叶片被浓厚的浅蓝色或白色霜覆盖，大多数

雪莲

情况下呈白色，日照时间增多、温差增大的情况下会呈浅粉色或浅紫色。总状花序，每根花序上通常有9～17朵花。未开放的花冠呈圆锥状，开放后通常呈5裂，花红色或橙红色，被白霜覆盖。

【养护要点】非常喜欢光照，但夏季需遮阳。叶片上的粉是欣赏重点，挪动或翻盆时要小心，粉是不可再生的。生长期浇水需要非常当心，如果水滴到叶片上会留下难看的瘢痕。对水分需求较少，用手触摸感觉干透后再浇水。生长比较缓慢，冬季低于5℃时进入休眠期，这一阶段可以停止浇水。

26. 桃美人

【属名】厚叶草属。

桃美人

【形态特征】茎短且粗，直立。单株有12～20片叶，老株群生。叶肉质，排列呈莲座状，呈倒卵形，长2～4厘米，宽、厚各2厘米左右，先端平滑钝圆，叶背面圆凸，正面较平，顶端叶片表面覆盖白粉，非常可爱。花倒钟形，红色，串状排列。

【养护要点】喜温暖、干燥、光照充足的环境，耐干旱性强，喜疏松且排

水、透气性良好的土壤,无明显休眠期。在充足的光照下,颜色更加鲜艳动人,株型更加美观紧凑。缺少光照则叶片会呈白色或绿色,叶形扁平。

仙女之舞

27. 仙女之舞

【属名】伽蓝菜属。

【形态特征】茎高2～3米,幼株茎有灰白色毛。叶有柄,叶柄长3～4厘米;叶对生,长10～20厘米,宽5～10厘米。新叶平展,老叶正面稍凹,叶缘有突起,橄榄绿色至灰绿色,被稠密毛,毛银白色至红褐色,亦有无毛的亮叶品种,花序高50～60厘米,花径约1.5厘米,花黄绿色。

【养护要点】夏季长势较弱。以肥沃疏松的沙质土壤为佳。浇水不能过多和过少,两者都会导致叶片的脱落。喜阳光充足的环境,夏季要适当遮阳,但不能过于荫蔽。冬季温度不能低于10℃。春秋季节为生长期,可充分浇水。

28. 妹背镜

【属名】莲花掌属。

【形态特征】株型迷你,多分枝。细小卵状的叶片排列呈莲花状,叶片绿色中间带紫红纹,有黏性,叶缘有红边。光照充足的条件下,叶片的颜色会变化,紫红纹也愈发明显。春季开花,总状花序,花黄色。

妹背镜

【养护要点】习性强健，喜温暖、干燥和阳光充足的环境，耐干旱。在夏季的高温下处于休眠的状态，不需要过多地浇水，要将它移到阴凉的地方。

29. 唐印

【属名】伽蓝菜属。

【形态特征】多肉植物中的观叶佳品。多年生肉质草本植物，茎粗壮，灰白色，多分枝，叶对生，排列紧密。叶片倒卵形，长10～15厘米，宽5～7厘米，全缘，先端钝圆。叶片淡绿色或黄绿色，被有浓厚的白粉，看上去呈灰绿色，秋末至初春的冷凉季

唐印

节，在阳光充足的条件下，叶缘呈红色。花筒形，黄色，长1.5厘米。

【养护要点】耐半阴，稍耐寒，冬季给予充足的阳光，保持盆土适度干燥，能耐3～5℃的低温。夏季高温时植株长势较弱，甚至完全停止生长，可放在通风、凉爽处养护，并控制浇水量，防止腐烂。春秋季节生长旺盛，要多照射阳光，经常浇水，保持土壤湿润，每10天左右施一次腐熟的薄肥。

福娘

30. 福娘

【属名】银波锦属。

【形态特征】叶片尖细、狭长呈棒形，叶对生，叶尖、叶缘呈暗红色或红褐色，开黄红色花。

【养护要点】对日照需求不多，喜凉爽、通风的环境。春秋生长季

节对水分需求较多；夏季与冬季都有休眠，应减少浇水量。过度缺少光照会使枝干与叶片细长难看，但不影响生长。

蓝豆

31. 蓝豆

【属名】风车草属。

【形态特征】叶片长圆形，环状对生，先端微尖；淡蓝色，在强光、昼夜温差大或冬季低温期时会变成蓝白色，夜间呈轻微红褐色。叶片覆有白粉，开红白相间的花，呈五角形向上开放。

【养护要点】夏季时休眠，很难发根服盆，要适当遮阳、通风、控水，盆土干透后沿盆沿浇少量水即可，不用浇透。其他季节时，可以给予充足的光照，浇水要"干透浇透"。如果光照不足，叶片容易细长无力，枝条也容易徒长。

32. 黑法师

【属名】莲花掌属。

【形态特征】植株呈灌木状，直立生长，高1米左右，多分枝，老茎木质化，茎圆筒形，浅褐色。叶略薄，在枝头集成20厘米的菊花形莲座叶盘。叶片倒长卵形或倒披针形，长5～7厘米，顶端有小尖，叶缘有白色睫毛状细齿，叶色黑紫，冬季则为绿紫色。总状花序，长约10厘米，花黄色，通常开花后植株便枯萎。

【养护要点】属于冬型种，即在冷凉季节生长，夏季休眠但时间不长。喜

黑法师

温暖、干燥和阳光充足的环境。夏季休眠时底部叶片会凋落,属于正常的新陈代谢。耐干旱,不耐寒,稍耐半阴,日照过少时叶片会变为绿色。

33. 蓝石莲

【属名】石莲花属。

【形态特征】茎部一般短于10厘米,直径1.0~1.5厘米,分枝较少。叶片呈狭卵形或倒卵形,顶部有尖。一般环境下叶呈青白色,在阳光充足、温差较大环境下叶缘呈粉红色。花序为1~4根蝎尾状聚伞花序,可长达30厘米或以上。花

蓝石莲

梗长约2毫米。花冠呈尖锐的五角形,粉色且被白霜。

【养护要点】较喜欢日照,日照增多会变为浅紫色。对水分需求不多,底部叶片干枯脱落为正常现象,叶片上偶尔会生出小瘤突,此为一种病害,但对植株健康不造成明显的影响。

34. 白凤

【属名】石莲花属。

白凤

【形态特征】属于体形较大的石莲花,是霜之鹤与雪莲杂交的园艺品种。茎叶肉质,全株被白粉。叶匙型,莲座状排列,叶长可达20厘米,宽5~7厘米。叶色翠绿,冬季叶缘及老叶易变红。花期为秋季,蝎尾状花序自叶腋伸出,花钟形,裂片5枚,橘红

色。花径约1.5厘米。

【养护要点】可全日照,日照时间增加后,叶会由绿变红。对水分需求不多,浇水时应避开叶片中心。非常耐干旱,也耐寒、耐阴,适应力极强。冬季温度不低于10℃。

大叶落地生根

35. 大叶落地生根

【属名】落地生根属。

【形态特征】叶片边缘会长出整齐的不定芽,形似一群小蝴蝶,掉落到地上,立即扎根繁衍。叶交互对生,长三角形、卵形,叶长15～20厘米,宽2～3厘米以上,具不规则的紫褐色斑纹。复聚伞形花序、顶生,花钟形,橙色。

【养护要点】叶插,茎插均可,较大的不定芽可直接上盆。生长季节可放到阳光充足处,适当摘心,促其分枝,合株形态丰满。

36. 茜之塔

【属名】青锁龙属。

【形态特征】形似宝塔,全株常为绿色,日照时间增加后会转变为深红色。植株高约15厘米,能耐受−1℃的低温。叶片形状如箭头,排列紧密而整齐,由基部向上逐渐变小。夏季开白色花。

【养护要点】极易群生,对日照时间要求不长,但也不

茜之塔

能完全无光。在温差较大且全日照的情况下,叶片会呈现漂亮的深红色。浇水量要少,过多水分容易导致腐烂和病害。

37. 月兔耳

【属名】伽蓝菜属。

【形态特征】直立的肉质灌木,整株密布凌乱的绒毛,体积小,易打理。叶片对生,长梭形,形如兔子耳朵,非常可爱。新叶金黄色,老叶微微呈黄褐色。初夏开花,花期较长,聚伞形花序,花序较高,花管状向上开放,浅粉色,花瓣4片。

【养护要点】喜欢温暖、干燥的环境,较喜欢日照。光照不足叶片会变为绿色,株形不美观,长期放在荫蔽的地方容易滋生病害甚至死亡。对水分需求不大,过度浇水会使叶片掉落。

月兔耳

38. 白姬之舞

【属名】伽蓝菜属。

【形态特征】茎直立、中空,圆柱状,表面光滑无毛但被白粉。叶对生,平展,叶缘圆弧状,形似球拍,有不规则的锯齿,强光下叶缘发红,叶片覆盖少量白粉。花期为12月至翌年4月,花序簇状,花朵向下开放,粉红色,如倒挂的风铃,阳光下晶莹剔透。

【养护要点】夏天时植株极易长得过高,且老叶会凋零,整体外形头重

白姬之舞

脚轻。一般夏天过后,取"箭头"扦插能保持较好的株型。

万物相

旭波之光

39.万物相

【属名】奇峰锦属。

【形态特征】叶细,棍棒状,不被蜡,螺旋状排列,花葶有苞片。

【养护要点】夏天不要暴晒,其他季节多给予光照。浇水应遵循"见干见湿,浇则浇透"的原则,但不能浇水后就暴晒。10～28℃是较适宜的生长温度,超过35℃则停止生长,也不能耐−5℃的低温。选用透水、透气性好的土壤栽培,注意通风。

40.旭波之光

【属名】银波锦属。

【形态特征】银波锦的变种,叶片比银波锦小,但颜色更为鲜艳。叶片肉质对生,呈倒卵形,边缘波浪形。叶面被浓厚的银白色粉末。开花多在春夏季节,聚伞状圆锥花序,花管状下垂,橙黄色,先端红色。

【养护要点】生长适宜温度为15～25℃,冬季不低于5℃。配土一般可用泥炭、蛭石和珍珠岩的混合土。生长期浇水应"干透浇透",夏季休眠期要通风降温、节制浇水,气温特别高时不能浇水,冬季保持盆土稍干燥。

仙人掌科多肉植物

1. 绯花玉

【属名】裸萼球属。

【形态特征】球形端庄,开花美丽,极少感染病虫害。扁球状,直径可达10厘米左右,棱8~16条,刺呈针状,每刺座5根周刺,灰色;中刺稍粗,骨色或褐色,最长可达1.5厘米。花顶生,长和直径都是3~5厘米,白色或红色。果纺锤状,深灰绿色。

绯花玉

【养护要点】适应性强,喜光照,耐短时间半阴,冬季比较耐寒。对土质要求不高,耐干旱,开花期需要适当增加水分来供应花蕾。

2. 仙人球

【属名】仙人球属。

【形态特征】高约15厘米。茎球形或椭圆形,绿色,肉质,有纵棱12~14条,棱上有丛生的针刺,通常每丛6~10根,长2~4厘米,硬且直,黄色或黄褐色,长短不一,呈辐射状,刺丛内着生密集的白绒毛。花期为5~6月,花大型,长喇叭状,长15~20厘米,着生于刺丛中,粉红色,夜间开放。

仙人球

【养护要点】一般生长在高热、干旱、土壤肥沃的环境下，具有强大的生命力。

蟹爪兰

3. 蟹爪兰

【属名】蟹爪兰属。

【形态特征】附生型肉质植物，常呈灌木状，无叶。茎无刺，多分枝，常悬垂，老茎木质化，幼茎及分枝均扁平。每一节间矩圆形至倒卵形，长3～6厘米，宽1.5～2.5厘米，鲜绿色，有时稍带紫色，顶端截形，两侧各有2～4个粗锯齿，两面中央均有一肥厚中肋。花期为10月至翌年2月，花单生于枝顶，玫瑰红色，长6～9厘米，两侧对称。

【养护要点】性喜凉爽、温暖的环境，较耐干旱，怕夏季高温，较耐阴。生长适宜温度为20～25℃，休眠期温度宜在15℃左右。喜欢疏松、富含有机质、排水透气良好的基质。蟹爪兰属短日照植物，可通过控制光照来调节花期。

4. 大统领

【属名】瘤玉属。

【形态特征】植株单生圆柱形球，球体灰绿色，棱由明显的乳头状的疣排列组成，有红、白、黄三色针状长刺。花期为5～9月，花自顶部附近的刺座长出，漏斗状，花大，桃红色，有微香。种子黑色。

大统领

【养护要点】喜温暖、光照充足的环境,要求疏松、肥沃的沙质土壤。

5. 帝冠

【属名】帝冠属。

【形态特征】外形如同帝王的皇冠而得名。植株通常单生,具粗大肉质根,扁球状的茎单生,直径为3～20厘米,少数可达30厘米,表皮绿褐色。球体无棱,有螺旋形排列的疣突。刺座位于疣突尖端,刺2～4根,不分中刺和周刺。花着生球体顶部,白天开放,漏斗形,直径1～3厘米。

帝冠

【养护要点】生长极为缓慢,不能直接暴晒,以防过度干缩而停止生长,有时还易生红蜘蛛。尽量将帝冠置于光照较好的地方养殖,以防球体陡长,疣突变小。春季到秋季可每月浇1～2次水,冬天休眠期应停止浇水。因疣突重重叠叠,非常易罹介壳虫,应勤加观察、随时消灭。

栉刺尤伯球

6. 栉刺尤伯球

【属名】尤伯球属。

【形态特征】起初球状,老株圆筒状,高50厘米,直径5厘米,最多18条棱,棱脊很薄。表皮红中带黑,有极小、极均匀的突起,犹如甲壳纲动物的甲壳,在阳光下闪闪发亮。老株表面出现白色或灰白色蜡质鳞片。刺座密集,每个刺座有1~4根刺向外直射,排成栉齿状而得名。花着生球顶部,黄色,夏季白天开放。

【养护要点】喜高温、干燥的环境,冬季室温白天宜保持在20℃以上,夜间温度不低于10℃。温度过低容易造成根系腐烂。我国市场上栉刺尤伯球的嫁接苗已不罕见,但品种纯、株型标准的实生大苗很难见到。

雪光

7. 雪光

【属名】南国玉属。

【形态特征】仙人掌科的经典品种之一。多花性仙人掌植物,白刺红花,色彩对比强烈。植株通常单生,球形或扁球形,高约10厘米,冠幅可达25厘米,棱30条,有小疣突呈螺旋状排列。刺座密集,周刺20根以上,丝状,起初黄白色,后逐渐变白;白色中刺3~5根,细针状。花顶生,漏斗状,直径约3厘米,橙红色。花期特别长,单朵花可开2周。

【养护要点】适应性强,喜温暖、稍湿润、阳光充足的环境。耐干旱和强光,但不耐寒。生长适宜温度为18~24℃,冬季温度不低于10℃。翻盆应视植株开花情况而定,通常仙人掌类植物在3月份翻盆,而这时雪光正含苞欲放,因此可以推迟到花期过后翻盆。

8. 般若

【属名】星球属。

【形态特征】星球属中株形最大、刺最强大的种类。植株球状至圆柱状,直径20~30厘米,高20~100厘米,最高可达2米,生有白或黄色的星点,以保护表皮免受阳光的伤害。棱通常有8条,新刺黄色,老株变为褐色或灰色。夏季开出明黄色花,漏斗状,直径7～8厘米,果实成熟后呈星状开裂。

【养护要点】喜光照、温暖的环境与排水性良好的土壤,耐干旱。生长较快,春秋季节应追施稀薄液肥。生长季节要给予充足的光照并适度浇水,冬季则保持盆土稍干燥,温度维持7～10℃。

般若

9. 金琥

【属名】金琥属。

【形态特征】茎圆球形,单生或丛生,高1.3米,直径80厘米或更大。球顶密被金黄色绵毛。有明显的棱,刺座很大,密生硬刺,刺从金黄色逐渐变成褐色。6～10月开花,花生于球顶部绵毛丛中,钟形,直径4～6厘米,黄色,花筒被尖鳞片。

【养护要点】栽培容易,喜高温、干燥的环境和排水性良好的沙质土壤。冬季室内白天要保持在20℃以上,夜间温度不低于10℃,温度过低容易造成根系腐烂。要求阳光充足,但在夏季不能强光暴晒,需要适当遮阳。

金琥

10. 六角天轮柱

【属名】天轮柱属。

【形态特征】也叫鳞片柱。有6条棱,刺座位于棱脊上。花着生在有绒毛的刺座上,白色,长漏斗形,花型较大,夜间开花,有"夜之女

六角天轮柱

蓝柱

士"之称。肉质浆果为红色、紫色或白色,可食用。

【养护要点】喜光照和排水、透气性良好的沙质土壤,盛夏季节不必遮阳,生长季节应经常浇水,冬季则保持盆土稍干,可耐0℃以上低温。

11. 蓝柱

【属名】毛柱属。

【形态特征】株高可达9米,肉质茎粗6～10厘米,具5～6条棱,刺座生于棱缘,排列稀疏,周刺5根,长约0.2厘米,初为红褐色,后为黑褐色;黑色中刺1根,匕首形,长达7厘米。茎表皮光滑,蓝绿色,新长出的茎被有白粉。野外植株的老茎因风吹雨淋,白粉会逐渐脱落。花期为夏季,花朵直径2.5～3.5厘米,白色中稍带绿色,昼开夜闭,具芳香。

【养护要点】春季至秋季为生长季节,需要全日照,冬季减少浇水量。

12. 量天尺

【属名】量天尺属。

【形态特征】附生型多浆肉质植物,长3～15米。茎粗壮,深绿色,具3条棱。花大形,有"霸王花"之称,白色,有芳香,5至12月晚间开放。果实为红色浆果,即常见的火龙果,长球形，长7～12厘米，直径5～10厘米，果肉白色。

【养护要点】喜温暖、宜半阴的环境与腐殖质较多的肥沃壤土，强光下植株易发黄。生长适宜温度为25～35℃，对低温敏感，5℃以下茎节容易腐烂。

量天尺

13. 乌羽玉

【属名】乌羽玉属。

【形态特征】植株具粗大的肉质根，茎球状，球体柔软，表皮为绿色或灰绿色。棱沟呈螺旋形排列但不明显。植株顶部的生长点多生绒毛，灰白色。刺座圆形，很大。刺退化，被绵毛取代。花期短，花小而短，淡红色，直径约1厘米。

乌羽玉

【养护要点】喜温暖、干燥和光照充足的环境，耐干旱和半阴，怕积水，要求有较大的昼夜温差。

14. 玉翁

【属名】乳突球属。

【形态特征】有疣突，顶生白色棘刺，疣突间生有白

玉翁

色绒毛。花着生于疣突间隙——疣腋内，花开时能围绕球体形成一个个圈。

【养护要点】喜光照充足的环境，耐干旱。浇水时要待土干透后再浇，要避免将水浇到球体。冬日宜放在室内向阳处，注意保温，同时减少浇水量或断水。

15. 鸾凤玉

【属名】星球属。

【形态特征】植株单生，初始为圆球形，后逐渐长成圆柱状，呈对称五星状，直径为16～18厘米，高达50～60厘米，通常具5条脊较高的棱，较大型的球体可增至6～8条。灰绿色的球体上密被细小的白色星点。春季至夏季顶生漏斗状、橙黄色的花，花径4～5厘米。

鸾凤玉

【养护要点】喜温暖、干燥和光照充足的环境，有一定的耐寒性，耐干旱，稍耐半阴，也耐强光，怕积水。

16. 金星

【属名】乳突球属。

【形态特征】植株最初单生，易从基部产生仔球，随着仔球不断增多，逐渐呈群生状。球体具长而大的棒状疣突，疣突长2～7厘米，青绿色，肥厚多汁。疣突顶端生刺座，具3～12根刺，刺长2厘米

金星

左右,黄褐色,先端色较深。花期为5～9月,花生于疣突的叶腋间,漏斗形,直径5～6厘米,黄色,可生数朵至数十朵,甚至上百朵同时开放。

【养护要点】每月追施一次充分发挥酵的豆饼液肥(注意薄肥多施,每次用肥20%加水80%),也可以施一些颗粒状的复合肥。温度偏低或过高,以及休眠期时,不可施肥。

17. 管花仙人柱

【属名】管花柱属。

【形态特征】匍匐的细茎有时下垂,长1.5米,粗2.5厘米,有16～17条棱,基部易分枝。刺座排列很密,有褐色毡毛,周刺30根,金黄色,长0.4～1厘米。花侧生,长4～6厘米,直径5厘米,外瓣橘黄色,有血红色中条纹,内瓣淡粉红色。

【养护要点】喜疏松、肥沃的土壤,盆要大。喜光照,要有一定的空气湿度。

管花仙人柱

18. 令箭荷花

【属名】令箭荷花属。

【形态特征】多年生常绿附生植物,因其茎扁平呈披针形,形似令箭,而花似睡莲,故名令箭荷花。群生灌木状,高50～100厘米。花色繁多,常见的有红色、玫红色、白色、粉色、黄色等。常有人将令箭荷花和昙花混为一谈,两者的区别在于昙花花萼部分长于花瓣,而令箭荷花花萼部

令箭荷花

分略短于花瓣。

【养护要点】喜光照、通风良好的环境和肥沃、疏松和排水性良好的土壤。有一定抗旱能力，但在炎热、高温、干燥的条件下要适当遮阳。

鹿角柱

19. 鹿角柱

【属名】鹿角柱属。

【形态特征】开花时间并不长，花为显眼的洋红色，近花心处为白色或淡黄色，雌蕊为翠绿色。茎柱状，具6条棱，有辐射刺。

【养护要点】喜全日照。冬季应放在凉爽、干燥的地方，最低温不能低于 −7℃，几乎不用浇水。

20. 层云

【属名】花座球属。

【形态特征】表皮蓝绿色至灰绿色，刺为红色至红褐色，花聚生于球顶部，花座宽而扁，有白色毛，如同一顶帽子，所以有"墨西哥帽仙人掌"之称。而这顶帽子也如同一层云浮于球顶，所以也称"层云"。

层云

【养护要点】柱形不大，易于栽培。冬季要注意温暖，在光照充足的条件下能耐5℃低温。

21. 白星

【属名】乳突球属。

【形态特征】球形，易群生，单球直径最大达7厘米，疣突圆柱形，被白刺、白毛包围。周刺长0.3～0.8厘米,羽状,白色,无中刺。花白色至淡黄色,花瓣中间有深色中条。

【养护要点】喜全日照,夏季应控制浇水量,其余季节可按时浇水,但不要从顶部淋水。栽培可用疏松而有一定肥力和钙质的培养土。

白星

22. 金冠

【属名】锦绣玉属。

【形态特征】球体直径可达30厘米,高可达1.8米,有21～48条显眼的棱。有刚毛状的金色刺,会逐渐变为棕色或红色、灰色。金色的花着生于顶部,一般在夏季开花,

金冠

花径为4.5～6.5厘米。果实为圆形或卵圆形,表面被有浓密的绒毛和刚毛,直径约1.5厘米。

【养护要点】冬季需保持干燥,最好保持5℃以上的温度,避免落霜落雪。夏季需要适当遮阳、通风,避免闷湿天气对球体造成伤害。

23. 昙花

【属名】昙花属。

【形态特征】附生肉质灌木,高2～6米,老茎圆柱状,木质化。分枝多数,叶状侧扁,披针形,老株分枝产生气根。花漏斗状,于夜间开放,芳香,长25～30厘米,直径10～12厘米。当花渐渐展开后,过1～2小时就开始枯萎了,整个过程仅4小时左右,故有"昙花一现"

昙花

之说。

【养护要点】喜温暖、湿润、半阴的环境,不耐霜冻,忌强光暴晒。春夏季节夜温需控制在16～18℃,白天为21～24℃。越冬温度宜为10～12℃,但可耐5℃左右低温。土壤宜用富含腐殖质、排水性能好、疏松肥沃的微酸性沙质土,否则易沤根,冬季土壤不宜过干。

24. 绯牡丹

【属名】裸萼球属。

【形态特征】四季球体颜色不变,具8条棱,有突出的横梁。春夏季节开花,花着生于顶部,色彩艳红。

【养护要点】夏型种,耐干旱,除盛夏外都应多给予光照,夏季高于30℃时需遮阳,冬季低于8℃时应移入室内。喜潮湿的环境,但不能淋雨,冬季应控制浇水量。生长期每10～15天施一次腐熟的稀薄液肥,冬季应停止施肥。

绯牡丹

25. 老乐柱

【属名】管花柱属。

【形态特征】幼株椭圆形，老株圆柱形，基部易出分枝，鲜绿色。茎粗7～9厘米，高1～2米，具20～25条直棱，株茎密被白色丝状毛，茎端的毛长而密，有多根黄白色细针状周刺，黄白色中刺1～2根。夏季侧生白色钟状花，花径4～5厘米。

【养护要点】选购时，应选择圆筒形、丰满、挺直、高不超过30厘米、无老化症状的植株。不耐寒，耐干旱，耐半阴，怕水湿和强光暴晒。生长适宜温度为18～25℃，冬季温度不低于5℃。

老乐柱

26. 白檀

【属名】仙人球属。

白檀

【形态特征】植株丛生，肉质茎呈细圆筒状，起初直立，后逐渐呈匍匐的形态，质较柔软。

【养护要点】喜光照充足的环境。生长期每月施肥一次。如果夏季遇上天气干燥、通风不畅的情况，植株上容易遭受红蜘蛛和介壳虫危害。

马齿苋科多肉植物

1. 露薇花

【属名】露薇花属。

露薇花

【形态特征】花叶兼美的多肉植物,多用于岩石园,近年流行作盆栽。基生叶,呈莲座状。早春至夏季开花,有粉色、蓝色、白色等。

【养护要点】多采用分株繁殖,成活率较高。由于夏季不耐酷暑,冬季也不太耐寒,所以有一定的养护难度。

2. 雅乐之舞

【属名】马齿苋树属。

【形态特征】斑锦的变异品种。植株较矮,枝条也较为细弱,肉质茎红褐色,老茎则为灰白色。肉质叶交互对生,新叶的边缘有粉红色晕,以后随着叶片的生长,红晕逐渐变成一条粉红色细线,直到完全消失。叶片大部分为黄白色,只有中央的一小部分为淡绿色。花淡粉色。

雅乐之舞

【养护要点】喜光照充足、温暖、干燥的环境。耐干旱,忌阴湿和寒冷。生长期对水分需求较多。

3. 马齿苋树

【属名】马齿苋树属。

【形态特征】又名银公孙树。肉质灌木,可高达3米,有无数水平伸出的分枝,新茎红褐色,老茎灰白色。肉质叶对生,花很小,为粉红色。

【养护要点】喜温暖、干燥、光照充足的环境和松软的沙质土壤,耐半阴。耐干旱,不耐寒。枝干特别容易木质化。生长期长,应充分浇水。

马齿苋树

4. 银蚕

【属名】阿旺尼亚草属。

【形态特征】小型多肉植物,茎基短、不明显,通常埋藏于地下,几根细长柔韧的枝条从茎基辐射而出,直立或匍匐,茎长1～5厘米,直径6～8毫米。叶绿色,长6～8毫米,宽2～3毫米,完全隐藏于托叶下,托叶宽卵圆形,紧密覆盖于枝干上,如白色重叠的鳞片。

【养护要点】生长非常缓慢,需耐心栽培,夏季可适当遮阳、通风,并控制浇水量,春秋季节可给予充分光照,忌淋雨或盆土长期潮湿。较不耐寒,如冬季温度低于10℃应适当控制浇水量或断水,保持盆土干燥。

银蚕

5. 彩虹马齿苋

【属名】马齿苋属。

彩虹马齿苋

【形态特征】又名太阳花锦、马齿苋锦、斑叶太阳花等。匍匐或直立生长,茎肉质,红色。叶互生,卵圆形,先端钝圆,叶基部钝状,叶片微厚,中间的绿色深浅交替,四周为乳白色的斑纹,叶缘粉色或玫瑰红,温差大的时候叶片颜色层次非常漂亮,宛如彩虹。

【养护要点】易于养护和分支群生。春秋季节可露养,夏季适当遮阳,暴晒、盆土潮湿容易导致植株烂根、掉叶。冬季温度低于0℃需移入室内养护。喜光照,缺少光照植株易徒长,且叶片红晕消失,还会影响开花。

6. 马齿苋

【属名】马齿苋属。

【形态特征】常见品种,长可达35厘米。茎下部匍匐,四散分枝,上部略能直立或斜向上生长,株体光滑无毛。单叶互生或近对生,叶片淡绿色,肉质肥厚,长方形或匙形,或倒卵形,先端圆或稍凹,基部宽楔形,形似马齿而得名。因其茎红、叶绿、花黄、根白、子黑,《本草图经》称其为五行草。

【养护要点】喜光照,也能耐阴,但夏季的高温、强光易使植株老化、早开花结果,不利于植株的生长,此时应遮阳。

马齿苋

菊科多肉植物

1.佛珠

【属名】千里光属。

【形态特征】叶肉质,圆球形至纺锤形,深绿色,肥厚多汁,形似佛珠而得名。叶中心有一条透明纵纹,尾端有微尖状突起。茎悬垂或匍匐土面生长,因此多被当成吊盆植物栽培,也是人气较旺的多肉植物品种之一。花期一般为

佛珠

12月至翌年1月,头状花序,顶生,长3～4厘米,呈弯钩形,花白色或褐色,花蕾有红色的细条。

【养护要点】喜明亮、通风的环境,可全年生长,对日照需求不多。初期种植对水分需求不多,当枝条增多、根系发达后对水分需求极大。夏季高温时应减少浇水量,否则容易烙死。

黄花新月

2.黄花新月

【属名】厚敦菊属。

【形态特征】又名"紫玄月",叶片形状非常奇特。光照充足的情况下茎部会从绿色变为紫红色。开黄色小花。

【养护要点】几乎没有休眠季节,但夏季高温时处于半休眠状态,此时应少浇水。

叶片起褶皱说明缺水,浇水后第二天叶片就会饱满起来。生长速度非常快,很快就会爆盆,种植时尽量选择大一点的盆。

仙人笔

3. 仙人笔

【属名】千里光属。

【形态特征】又名"七宝树"。株高30～60厘米,茎短圆柱状,具节,粉蓝色,极似笔杆。叶扁平,提琴状羽裂,叶柄与叶片等长或更长。花期为冬季至春季,头状花序,花白色带红晕。

【养护要点】喜半阴、凉爽的环境和排水性良好的砂质壤土,宜散射光下生长。不耐寒,越冬温度必须保持在10℃以上。

4. 紫蛮刀

【属名】千里光属。

【形态特征】高50～80厘米,茎、枝均为绿色,有时略带紫晕,表面粗糙,残留有老叶脱落的鳞状物。叶片倒卵形,像刀面一样,青绿色,稍被白粉,叶缘及叶片基部均呈紫色,在光照充足、温差较大的情况下叶片会变为紫色。头状花序,高50～100厘米,小花群生,黄色或朱红色。

【养护要点】喜光照,也可半阴栽培。根系非常健壮,建议使用深一些的盆,春秋生长季节可以大量浇水。生长适宜温度为15～25℃。

紫蛮刀

百合科多肉植物

1. 琉璃殿

【属名】十二卷属。

琉璃殿

【形态特征】肉质叶排列呈莲座状,株幅8～15厘米,叶全部向一侧偏转,看起来像旋转的风车。叶卵圆状三角形,先端极尖,正面凹,密布由小疣突组成的瓦楞状突起横条,酷似一排排琉璃瓦。叶深绿色或灰绿色,有深浅不一、宽窄不等的黄色纵条纹,有时整个叶片都呈黄色。花期为4～6月、9～10月。

【养护要点】对光照需求不大,可半阴栽培,切忌暴晒,可放在玻璃后接受光照。光照时间增多,植株会渐渐变为红色。小苗对水分需求不多,根系生长健壮的成株可多浇水,可经常喷雾增加空气湿度。生长期适宜温度为白天18～25℃,冬季温度不低于5℃。

寿

2. 寿

【属名】十二卷属。

【形态特征】茎很短或无茎,叶丛生,叶顶端截形,具三角形或近三角形的透明或半透明结构,通常称"窗"。窗上有叶脉形成的点状、网状或线形纹路,从上方俯视形似由许多三角形合成的一个圆,犹如"寿"字纹,因此而得名。

【养护要点】喜干燥、凉爽、光照充足的环境和疏松、排水良好的沙质土壤,耐干旱,不耐寒,怕积水。

条纹十二卷

3. 条纹十二卷

【属名】十二卷属。

【形态特征】常见的小型多肉植物。肥厚的叶片镶嵌着带状白色星点,清新高雅。

【养护要点】喜温暖、干燥、光照充足的环境,光照增多会从绿色渐渐变为红色。忌烈日暴晒,否则会使叶面上形成难看的灼伤斑,叶色暗淡无光泽,叶尖干枯;过于荫蔽又会使植株徒长,造成株形松散、叶片排列不紧密。对水分需求不多,夏季与冬季都会短暂休眠,应注意减少浇水量。非常容易群生,根系强大,可选用较深的盆。

4. 姬玉露

【属名】十二卷属。

【形态特征】体形较小的玉露。植株无茎,初为单生,后逐渐呈群生状。单生株高3～4厘米,株幅最大约7.5厘米。每株有22～25枚叶片,呈紧凑莲座状。叶高度肉质,肥厚柔软,先端肥大呈圆头状。叶翠绿色,顶端呈窗结构,其表面有蓝绿色线状脉

姬玉露

纹。总状花序,花白色,有绿色纵条纹。

【养护要点】生长比较缓慢,喜温暖、湿润的环境和松软、透气的土壤。对光照需求不高,可半阴栽培,光照过多会变为灰色,不可直接暴晒,可隔着玻璃接受光照。春秋季节正常浇水即可,切忌大湿大水,容易涝死,可经常喷雾增加空气湿度。根系比较强大,可以选择较深一些的盆。耐干旱,夏季高温时要减少浇水量,并且移到阴凉、通风处。

5. 子宝

【属名】鲨鱼掌属。

【形态特征】叶肉质较厚,像舌头,叶面光滑,带有白色斑点,或有条纹状锦斑。叶长3～5厘米,宽1～2.5厘米。暴晒后叶面呈红色。一般冬季至春季为开花旺季。

【养护要点】喜通风、半阴的环境和松软的沙质土壤。忌暴晒,光照过多会变为灰色。对水分需求不多,但是喜空气湿润的环境,可经常喷水保持空气湿度。生长比较缓慢,但容易群生,越冬温度不低于5℃。

子宝

6. 库拉索芦荟

【属名】芦荟属。

【形态特征】又名美国芦荟。多年生草本植物,茎较短,叶簇生于茎顶,排列成松散的莲座叶盘,直立或近于直立,肥厚多汁。叶剑状,长25～50厘米,宽4～8厘米,先端渐尖,基部宽阔,草绿色至浅绿色,边缘

库拉索芦荟

有刺状小齿。在光照强烈、空气干燥的环境下生长,叶面被很薄的白霜。花期为2~3月,花茎单生或稍分枝,高60~90厘米,总状花序疏散,花长约2.5厘米,黄色或有赤色斑点,管状花6裂。

【养护要点】适应能力很强,喜温暖、干燥、光照充足的环境。

芦荟

俏芦荟

7. 芦荟

【属名】芦荟属。

【形态特征】茎较短,叶肥厚多汁,条状披针形,粉绿色,长15~35厘米,基部宽4~5厘米,顶端有几个小齿,边缘疏生刺状小齿。花葶高60~90厘米,不分枝或有时稍分枝;总状花序,具几十朵花;花下垂,稀疏排列,淡黄色而有红斑;花被长约2.5厘米,裂片先端稍外弯。

【养护要点】喜光照,耐半阴,忌阳光直射和过度荫蔽,非常耐干旱。芦荟生长期需要充足的水分,但不耐涝。

8. 俏芦荟

【属名】芦荟属。

【形态特征】叶片排列紧密呈莲座状,每个莲座状叶盘的直径只有6~8厘米。往往群生,整个群生植株直径仅有0.6~1米。茎短,几乎看不到。叶片绿色、有光泽,叶缘有红褐色的锯齿。

【养护要点】喜排水性良好的土壤。对肥料的要求不高,生长季节可追施4～5次腐熟的20倍液肥。

9. 美丽芦荟

【属名】芦荟属。

【形态特征】叶片狭长,叶缘有细小锯齿,绿色和棕色的斑纹如同大理石上的花纹一般,当光线过于强烈时,叶片会变为古铜色。花期为7～9月,总状花序,花粉色。

【养护要点】喜光照,春秋季节多接受阳光直射则生长健壮;夏季置于通风的半阴处,则更有利其生长。冬季温度不低于10℃。

美丽芦荟

10. 毛汉十二卷

【属名】十二卷属。

【形态特征】又名"万象"。叶肉质,从基部斜出,螺旋排列呈松散的莲座状,叶盘直径5厘米,叶片半圆筒形,长2.5厘米,基部宽1.5厘米,顶端截形,半透明。叶色深绿色、灰绿色或红褐色,表面粗糙。花序长20厘米,花白色,有褐色中脉,长8～10厘米。

【养护要点】喜温暖、干燥和光照充足的环境和疏松、排水性良好的沙质壤土。不耐寒,怕高温和强光,耐半阴。冬季温度不低于10℃。

毛汉十二卷

11. 玉扇

【属名】十二卷属。

【形态特征】植株低矮无茎,叶片肉质直立,呈扇形。叶形很奇

玉扇

特，近长方形，基部稍狭窄，长2厘米，顶部略凹陷，呈截面状，就像被人用刀子切过一样。顶端截形部分可见白色花纹。叶表面粗糙，绿色至暗绿褐色，有小疣突。

【养护要点】喜温暖、干燥、光照充足的环境和透气的沙质土壤。耐干旱和半阴，忌潮湿、寒冷。根系十分庞大，宜选用较深的盆。夏季休眠，冬季生长，可经常喷雾增加空气湿度。

12. 龙鳞

【属名】十二卷属。

【形态特征】又称"蛇皮掌"，因叶面上的纹理酷似蛇皮或龙鳞而得名。与玉露相似，叶片中含有大量水分。植株无茎，肉质叶呈螺旋状放射生长，排成莲座状。叶质肥厚而坚硬，卵圆状三角形，顶端渐尖，叶暗绿色，叶背稍呈红褐色，并有不规则排列的白色小疣突，叶缘向内卷，并具白色小齿，叶面平展、无毛，呈透明或半透明状，叶脉由数条白绿色纵线及短横线组成。

龙鳞

【养护要点】生长比较平稳，正常浇水即可，尽量使用较深的盆以利于根系生长，也可以经常喷水保持叶面湿润。

13. 弹簧草

【属名】哨兵花属。

【形态特征】植株具圆形或形状不规则的鳞茎,其鳞茎由一层层肥厚的肉质鳞片组成,地下部分的表皮黄白色,露出土面的部分经日晒后变为绿白色。叶由鳞茎顶部抽出,线形,最初直立生长,后逐渐扭曲盘旋如弹簧而得名。花梗由叶丛中抽出,总状花序,花下垂,花瓣正面淡黄色,背面黄绿色。一般在光照充足的时候开花,傍晚闭合。单朵花可持续开放5天左右。

【养护要点】喜凉爽、湿润、光照充足的环境,怕湿热,耐半阴,耐干旱,有一定的耐寒性。夏季高温时休眠,秋季至春季冷凉时生长。

弹簧草

14. 卧牛

【属名】鲨鱼掌属。

【形态特征】是鲨鱼掌属中具代表性的品种之一,叶的外形看起来像牛舌。叶片厚而质硬,排列紧密,叶面具有许多小疣突,叶暗绿色,生长缓慢,常年摆放形态变化不大。总状花序,无分枝,高20～30厘米,花小,长约2厘米。

【养护要点】喜温暖、干燥、光线充足的环境。充足的光照会让叶片短而肥厚,叶色深绿,但也可阴养。对水分需求不多,耐干旱,耐寒。

卧牛

康平寿

15. 康平寿

【属名】十二卷属。

【形态特征】植株矮小、无茎。叶短而肥厚，螺旋状生长呈莲座状，半圆柱形，顶端呈水平三角形，截面平而透明，窗上有明显脉纹。花梗很长，花白色，筒形。

【养护要点】生长适宜温度为15～25℃，生长期为冬季至初夏，宜放在明亮但无阳光直射处。盆土可选用泥炭土加上排水性良好的介质，盆土干燥时才可浇水。夏季高温时生长缓慢或停止，需放于通风、凉爽处，避免闷热、潮湿引起植株腐烂。冬季宜移至温暖、明亮处，温度维持在12℃以上；如遇5℃以下低温时，需注意霜害。

16. 好望角芦荟

【属名】芦荟属。

【形态特征】体态强壮的单茎芦荟，不分枝，茎顶部仅有一个大型莲座状叶盘，粗壮的茎通常有2米高，也有近5米的植株，老叶干枯后宿存在茎上，形成叶裙。冬季开花，花期很长，花序分枝，形成烛台状，分枝一律向上，花密集，呈鲜艳的橙红色。

【养护要点】一般早春开花。夏季虽生长停滞，但并非彻底休眠，仍需注意通风，适当遮阳，偶尔浇水。

好望角芦荟

17. 山芦荟

【属名】芦荟属。

【形态特征】茎不分枝,可高达4米以上,叶两面都有刺,干叶宿存为叶裙。花序长59厘米,直立分枝或水平分枝,花管状,红色、橙黄或黄色。

【养护要点】典型的夏季生长的种类,宜用排水性良好的沙质土壤。根系多,但会分泌酸性物质,如不翻盆,那么看似很发达的根系其实吸水能力不强,会造成老叶和叶尖迅速干枯。

山芦荟

18. 珊瑚芦荟

【属名】芦荟属。

【形态特征】又名银芳锦。叶淡蓝绿色,卵圆状披针形,常弯曲成船形,长35～45厘米,叶基部最宽16厘米,叶面有清晰的纵向条纹,相互平行且间隔很小,叶全缘,有较宽的红色镶边。花序可高达1米,最多时一株可长出3个花序,花管状,长2.5厘米,基部稍膨大,桃红色至珊瑚红色。

【养护要点】对环境的适应性很强。喜光照,宜用排水性好的介质。

珊瑚芦荟

19. 鲨鱼掌

【属名】鲨鱼掌属。

【形态特征】株高20～30厘米,无茎。单叶互生,带状,长10～

鲨鱼掌

20厘米,先端渐尖,两面具乳状突起,叶面粗糙。总状花序,花筒形,下垂,基部橙红色,先端绿色。

【养护要点】叶片能够储存较多水分,颇为耐干旱。生长较为缓慢,尤其是在冬季至春季温度较低的时期,故植株也不易老化。

 番杏科多肉植物

1. 松叶菊

【属名】日中花属。

【形态特征】多年生常绿草本,高30厘米。茎丛生,基部木质,多分枝。叶对生,三棱线形,长3～6厘米,宽3～4毫米,具凸尖头,基部稍抱茎,粉绿色,有多数小点。花期为春季或夏秋,花单生枝端,直径4.7～5厘米;花瓣多数,紫红色至白色,线形,长2～3厘米。

【养护要点】喜温暖、干燥、光照充足的环境和疏松、中等肥沃、排水性良好的沙质土壤,不耐寒,怕水湿。冬季生长适宜温度为10～15℃。生长期每月施肥1次,盆土不宜过湿。

松叶菊

2. 黄花照波

【属名】照波属。

【形态特征】植株无茎,矮小,高5～6厘米,株幅6～10厘米。初单生,后密集成丛生,每单生植株基部有6～8枚叶片,放射状排列;叶高度肉质,柔软,长3～5厘米,宽0.6～1厘米。叶对生,

黄花照波

先端逐渐变细;表皮光滑,绿色至墨绿色,密布透明小斑点。花期为夏季,花金黄色,单生,雏菊状,花径2～2.5厘米,单朵花可开7天。

【养护要点】喜光照,但忌长时间放在烈日下。冬季与夏季休眠期应节水、遮阳。春秋季节生长期浇水时要遵循"干透浇透"的原则。

3. 雷童

【属名】露子花属。

【形态特征】呈分枝密集的灌木状,二歧分枝,老枝灰褐色或浅褐色,新枝淡绿色,上有白色小突起。肉质叶卵圆状半球形,长1～1.3厘米,厚0.6～0.7厘米,基部合生,暗绿色,表皮具白色半透明的肉质刺,老叶的肉质刺常脱落,留下圆形疣状瘢痕。全年均可开花,花单生,具短梗,花很小,直径仅1.2～1.5厘米,白色。

【养护要点】喜温暖、干燥、通风的环境。对光照需求较多,一般情况下为绿色,当光照时间增加及温差增大后,整株会渐渐变为粉红色。耐半阴,但长时间缺少光照植株会徒长,枝干与叶间距增大。

雷童

对水分需求不多,水分太多容易腐烂。

生石花

4. 生石花

【属名】生石花属。

【形态特征】茎很短,变态叶肉质肥厚,两片对生联结而成为倒圆锥体。品种较多,各具特色。3~4年生的植株在秋季会从对生叶的中间开出黄、白、粉等颜色的花朵。

【养护要点】喜冬暖夏凉的气候和疏松的石沙,怕低温,忌强光。春秋生长季节对水分需求较多,夏季与冬季可完全断水。断水后会出现蜕皮现象,属于正常的新陈代谢。冬季温度不低于12℃,可短暂耐受4~5℃的低温。

5. 绫耀玉

【属名】春桃玉属。

【形态特征】通常有1~2个分枝,肉质叶片对生,顶端宽而平,与生石花极为相似。高约4厘米,灰绿色中略带红色,顶部表面有红褐色斑点和线条。9月植株开始生长,逐渐形成花蕾,10月绽放娇艳的花朵,花鲜黄色,直径大约为1.5厘米。

【养护要点】喜凉爽、干燥、光照充足的环境,高温季节要求通风良好,耐干旱,不耐阴,怕积水、酷热。冷凉季节生长,夏季高温期休眠,为冬型种。生长期应给予充足光照,浇水宁少勿多,避免积

绫耀玉

水,但也不宜长期干旱,否则植株生长停滞。

6. 帝玉

【属名】对叶花属。

【形态特征】植株无茎,卵形叶交互对生,其基部联合,株形像元宝一样。叶外缘钝圆,表面较平,背面凸起,灰绿色,有许多透明的小斑点,新叶长出后下部的老叶皱缩

帝玉

干枯,植株始终保持着1~3对对生叶。花期为春季,花具短梗,直径7厘米,花橙黄色,花心颜色稍浅。

【养护要点】喜温暖、干燥、光照充足的环境,耐干旱,忌阴湿。生长适宜温度为18~24℃。通常在阳光充足的午后开花,傍晚闭合,如此持续一周左右。若遇阴雨天或栽培场所光线不足,则花不能开放。

姬红小松

7. 姬红小松

【属名】仙宝属。

【形态特征】灌木状,茎基部膨大成块根状。株高15~20厘米,株幅20厘米。茎干肥厚多肉,多分枝,粗糙,黄褐色,顶端丛生纺锤形肉质小叶,淡绿色,长1~2厘米,顶端丛生细短的白毛。花顶生,雏菊状,紫红色。

【养护要点】喜光照,对水分需求少。几乎没有明显的休眠迹象,正常浇水即可。枝条生长迅速,需要定期修剪。

日轮玉

8.日轮玉

【属名】生石花属。

【形态特征】易丛生。叶对生,组成倒圆锥体,直径2～3厘米。叶褐色,深浅不一,顶面有深褐色斑点或网状条纹,如同辐射的光芒。一般9月开花,黄色。

【养护要点】适应性强。可用腐叶土与蛭石以4:1的比例混合作为培养土,盆宜小而深,盆底放纱网和粗粒砂石,以利透水。夏季要遮阴通风,适当控水。冬季时,如环境温度能维持在10℃以上,可继续浇水。

 夹竹桃科多肉植物

1.沙漠玫瑰

【属名】天宝花属。

【形态特征】灌木状或小乔木,高达4.5米,树干肿胀。单叶互生,集生于枝端,倒卵形至椭圆形,长达15厘米。花期为5～12月,花冠漏斗状,外面有短柔毛,5裂,花径约5厘米,外缘红色至粉红色,中部色浅,裂片边缘波状;顶生伞房花序。

【养护要点】喜高温、干旱、光照充足的环境和富含钙质、疏松透气、排水性良好的砂质壤土,不耐荫蔽,忌涝,忌浓肥和生肥,畏寒冷,生长适宜温度为25～30℃。

沙漠玫瑰

2. 非洲霸王树

【属名】棒槌树属。

【形态特征】茎干圆柱形,肥大挺拔,褐绿色,密生3根一簇的硬刺,较粗、稍短。茎顶丛生翠绿色线形叶,先端尖,叶柄及叶脉淡绿色。花白色。

【养护要点】耐热,特别适合高温天气栽培。耐干旱,只要土壤不干就无需浇水,一般一周浇水一次即可。

非洲霸王树

3. 亚阿相界

【属名】棒槌树属。

【形态特征】又名非洲棒槌树、狼牙棒。乔木状肉质植物,多刺的主干可高达6米,直径50厘米,顶端有分枝。叶窄而细长,长约30厘米,叶背有灰色毛。花白色,形似夹竹桃的花。

【养护要点】耐干旱,喜高温,忌潮湿,生长适宜温度为20~30℃。休眠期间,植株顶端的叶片会逐渐掉落,需要完全断水。

亚阿相界

4. 惠比须笑

【属名】棒槌树属。

【形态特征】根茎不规则膨大,肉质,内含大量水分,外皮褐色

惠比须笑

至灰色,具不规则突起和皮刺。叶长椭圆形,长3～5厘米,宽约1厘米,深绿色,叶柄直接着生于根茎突起部位。花期为冬季至春季,花黄色,花冠5裂。

【养护要点】喜湿暖、干燥、光照充足的环境,耐干旱,怕积水,有一定的耐寒性,冬季可耐4℃低温。

爱之蔓

5. 爱之蔓

【属名】吊灯花属。

【形态特征】可匍匐于地面生长或悬垂,长度可达1.5～2米。叶心形,对生,长1.0～1.5厘米,宽约1.5厘米,叶面上有灰色网状花纹,叶背呈紫红色;叶腋处会长出圆形块茎,称"零余子",有储存养分、水分及繁殖的作用。春夏季节成株会开出红褐色、壶状的花,长约2.5厘米。

【养护要点】对日照需求不多,散射光即可生长得很好,忌强光、潮湿、闷热。但放置环境也不能过阴或完全不见阳光,这样会使茎蔓瘦弱,叶小质薄。除夏季短暂休眠外,几乎全年都可生长。

6. 剑龙角

【属名】剑龙角属。

【形态特征】又名"魔星花"。肉质茎精致小巧,长满龙角状突起,故名剑龙角。株高10～20厘米,粗1～2厘米,匍匐生长,茎呈青绿色,具4～6条棱,棱缘有波浪形肉

剑龙角

质锯齿。花钟形,棕紫色。

【养护要点】喜稍湿润的土壤,较耐干旱,故盆土以半干半湿、间干间湿为宜。如果浇水过多,盆土长期过湿或盆内有渍水易引起烂根。雨季应放置在通风避雨处,以防雨淋后盆土过湿。春秋季节可3～4天浇一次水,夏季2～3天浇水一次;天气酷热时,可喷水雾润泽枝叶;冬季应节制浇水量,可10～15天浇水一次,保持盆土微湿即可。

7. 丽钟阁

【属名】丽钟角属。

【形态特征】又名丽钟角。植株丛生,茎圆柱状,深绿色,高约20厘米,直径1.5～2厘米,具10～14条棱,棱上密生紫色小疣突,疣突先端有3根白色刺状硬毛,其中向下的两根呈八字形分开。花着生于嫩茎的基部,钟状,

丽钟阁

花筒长9～14厘米,直径4～5厘米,黄绿色,具红褐色斑纹,夏秋季节开放。

【养护要点】喜温暖、干燥、光照充足的环境,耐干旱和半阴,不耐寒,忌阴湿,温度要保持20℃以上。如果盆土保持适当干燥,也可耐5℃的低温。

 ## 唇形科多肉植物

碰碰香

【属名】香茶菜属。

【形态特征】茎细瘦,匍匐状,分枝多。叶片交互对生,绿色,卵

碰碰香

圆形,毛茸茸的,边缘有钝锯齿,触碰后会散发出很浓的香味。花小,白色。

【养护要点】喜干燥、温暖、光照充足的环境和沙质土壤,可全日照,亦可暴晒。对水分需求不多,水分过多则容易烂根。冬季会休眠,需要保持在0℃以上,温度过低时要断水。

 龙舌兰科多肉植物

1. 鬼脚掌

【属名】龙舌兰属。

【形态特征】又名笹之雪、箭山积雪、女王龙舌兰。植株无茎,肉质叶呈莲座状排列,株幅最大可达40厘米,但在家庭栽培中一般不超过20厘米。叶片可达100多枚,三角锥形,长10～15厘米,宽约5厘米;叶绿色,有不规则的白色线条,叶缘及叶背的龙骨凸上均有白色角质,中心的幼叶紧密包在一起呈圆锥状;叶顶端有0.3～0.5厘米坚硬的黑刺。植株通常生长30年左右才能开花,松散的穗状花序可高达4米,花淡绿色,长约5厘米;花后结籽,母株则枯萎,但基部会长出小芽。

【养护要点】喜温暖、干燥、光线充足的环境,耐干旱,稍耐半阴和寒冷,怕水涝。在生长期宜给予充足的光照,在半阴处虽也能生长,但会造成

鬼脚掌

叶片徒长,叶面上的白色线条不明显。夏季高温时注意通风、降温,适当遮光,避免烈日暴晒,以免因高温或强光直射引起的叶面灼伤。

2. 吉祥冠锦

【属名】龙舌兰属。

【形态特征】肉质叶排列呈莲座状,呈放射状丛生,其叶片很多,生长密集。叶先端有红色刺,故又名"红刺"。

【养护要点】喜温暖、湿润、光照充足的环境,耐干旱,

吉祥冠锦

不耐寒。生长期要放在光照充足处养护,否则会造成株型松散。

3. 龙舌兰

【属名】龙舌兰属。

【形态特征】叶排列呈莲座状,通常30～40枚,大型,倒披针状线形,长1～2米,中部宽15～20厘米,基部宽10～12厘米,叶缘具有疏刺,顶端有1根硬质尖刺,暗褐色,长1.5～2.5厘米。圆锥形花序,长达6～12米,多分枝;花黄绿色。

【养护要点】喜凉爽、干燥、光照充足的环境和肥沃、湿润、排水性良好的沙质土壤,耐干旱,稍耐寒,不耐阴。生长适宜温度为15～25℃,夜间温度宜保持10～16℃。龙舌兰成株在-5℃的低温下叶片仅受轻度冻害,-13℃时露出土面的部分受冻腐烂,但埋在土里的茎不死,翌年能重新萌发新叶,正常生长。

龙舌兰

水晶宫

4. 水晶宫

【属名】龙舌兰属。

【形态特征】蓝绿色的叶片能长到50厘米长。

【养护要点】喜全日照，能耐-4℃的低温。在生长期浇水要遵循"不干不浇，浇则浇透"的原则，避免盆土长期积水，否则会使根部腐烂；空气过于干燥时可向植株喷水，以保持叶面清洁，并增加空气湿度，使叶色润泽。不可长期干旱，否则植株生长停滞，叶片干瘪发皱。

5. 翡翠盘

【属名】龙舌兰属。

【形态特征】多年生常绿大型草本。因其叶片坚挺，四季常青，为南方园林的重要布置用植物之一，长江流域及以北方地区常作为室内盆栽。其在原产地一般要几十年后才开花，开花后母株枯萎。

翡翠盘

【养护要点】喜半日照和排水性良好、肥沃、湿润的沙质土壤，耐干旱能力不如其他的龙舌兰属植物。除冬季十分寒冷的天气外，一定要适时浇水，春秋季节是生长旺盛期，夏季也不休眠，根据需要可追施稀薄液肥。

6. 金边毛里求斯麻

【属名】巨麻属。

【形态特征】常绿灌木，茎短，叶片排列呈莲座状，坚挺有力，黄绿相嵌,十分明亮。开花时花葶高达5~6米,十分壮观。但花后叶片逐渐枯黄死亡。

幼苗期生长较慢,2年后植株生长迅速,以后每年需换盆,增加肥土。

【养护要点】生长期需要充足水分,每月施肥1次。盛夏季节早、晚多喷水;冬季低温时,土壤尽量保持干燥,否则叶尖易受冻害。

金边毛里求斯麻

7. 八荒殿

【属名】龙舌兰属。

【形态特征】多年生肉质植物,茎短,叶片剑状,灰绿色,长17~25厘米,最长可达55厘米,宽2~4厘米。基部窄,叶面中间呈凸形,先端渐狭,叶先端有黑色尖刺,长3厘米。花茎高3米,花红色。

【养护要点】喜温暖、干燥、光照充足的环境和肥沃、疏松和排水性良好的沙质壤土。较耐寒,耐干旱和半阴,不耐水湿。生长适宜温度白天为24~28℃,夜晚为18~21℃,冬季温度不低于8℃。

八荒殿

8. 金边虎尾兰

【属名】虎尾兰属。

【形态特征】具匍匐的根状茎,褐色,半木质化,分枝力强。叶片从地下茎生出,丛生,扁平,直立,先端尖;剑形,长30~50厘米,宽4~6厘米,全缘;浅绿色,正反两面具白色和深绿色的条纹,似虎皮,表面有很厚的蜡质。花期一般在11~12月,花具香味。

金边虎尾兰

棒叶虎尾兰

凤尾丝兰

【养护要点】喜光照,最好能放在可以直接照射到阳光的地方。对温度的要求颇高,生长适宜温度为20～30℃,冬季不能低于10℃。浇水要适量,宁干勿湿。

9. 棒叶虎尾兰

【属名】虎尾兰属。

【形态特征】叶呈细圆棒状,顶端尖细,质硬,直立生长,有时稍弯曲,长80～100厘米,直径3厘米,表面暗绿色,有横向的灰绿色条纹,似虎皮。总状花序,花白色或淡粉色。

【养护要点】环境适应性强,喜温暖、湿润的环境,耐干旱,耐阴。

10. 凤尾丝兰

【属名】丝兰属。

【形态特征】叶片排列呈莲座状。花期为7～9月,花葶高1～2米,大型的圆锥形花序,花白色至乳黄色,顶端常略显紫红色,呈钟形下垂,花被6片。

【养护要点】喜温暖、湿润和光照充足的环境和排水性良好的沙质土壤,耐瘠薄,耐寒,耐阴,耐干旱,也较耐湿。对肥料的要求也不高,春秋两季各施1～2次氮磷钾复合肥即可,冬夏两季不施肥。

葫芦科多肉植物

1. 睡布袋

【属名】睡布袋属。

【形态特征】半球状至球状的茎干外露在土表,直径可达1米,表皮灰绿色略带褐点,像一块表面圆滑的大石头。从茎干顶端抽出细的蔓生枝,攀附能力强,可达10米以上。叶片为三角状的披针形叶,叶具5小尖。花期为夏季,花黄褐色,具有香味。

【养护要点】喜温暖、光照充足的环境,可全日照,不耐寒,冬季温度不低于10℃。生长季节要保持水分充足,但盆土绝对不能积水,要保持适当干燥,盆土排水性要好,盆底要多放排水物。夏季不畏热,可正常浇水,冬季休眠期须保持干燥。对肥料的要求较高,可用腐熟的干牛粪块垫在盆底作基肥,春季至秋季的生长期内,可追施稀薄液肥(天气酷热时除外)。盆株最好摆放在架子上,尽量减少害虫从盆底钻入的机会,以防茎干被啃食。

睡布袋

2. 碧雷鼓

【属名】沙葫芦属。

【形态特征】攀藤植物,茎直立或匍匐,茎上长有攀附用的卷须,高50厘

碧雷鼓

米,基部分枝,枝条肉质不明显,细而圆。叶形奇特,叶互生,绿色,被白霜,椭圆形,长4厘米,宽3.5厘米,具0.8厘米的叶柄,叶面中间稍凹,无毛。春季开黄绿色的花,非常不显眼。

【养护要点】性温暖、光照充足的环境和排水性良好的沙质土壤,冬季温度应保持在10℃以上。

大戟科多肉植物

柳麒麟

1. 柳麒麟

【属名】大戟属。

【形态特征】叶片披针形,细长如柳叶而得名。膨大光滑的块根埋于土中,球形,直径可达20厘米。土面上的部分分枝长而细,长可达1米。细枝又分节,分枝交叉处有明显加粗的"结",从膨大的"结"再长出分枝和叶,株形很特殊。

【养护要点】生长适宜温度不得低于15℃。

2. 铁甲丸

【属名】大戟属。

【形态特征】铁锈色的茎干非常奇特,布满瘤突,与苏铁的茎干极为相似,又名"苏铁大戟"。其茎干形似一颗松果,因此又名"松果大戟"。茎顶簇生细长的叶片,

铁甲丸

在原产地冬季自然脱落,进入休眠期,翌年复长。

【养护要点】喜温暖、光照充足的环境,对环境的适应性强,耐干旱。春季生长期需要有规律地给予大量水分,但要避免因盆土积水,造成根部腐烂。

3. 皱叶麒麟

【属名】大戟属。

【形态特征】因叶缘皱缩呈波浪状卷曲而得名。植株较小,形如小型灌木。茎肉质,幼株直立,成株则匍匐生长。叶轮生,披针形,植株下部叶片常脱落,仅在茎的上部留有为数不多的叶片,脱落后叶痕明显。花黄绿色,不显眼。

【养护要点】喜温暖、干燥、光照充足且柔和的环境,耐干旱和半阴,忌积水和过于荫蔽。在强光下虽然也能正常生长,但叶片往往呈灰褐色,缺乏生机。

皱叶麒麟

飞龙

4. 飞龙

【属名】大戟属。

【形态特征】块根粗壮,顶端着生扁平的枝条,绿色枝条呈放射状排列,上有白色"V"字形斑纹,边缘锯齿状,突出部位有一对小刺。黄色小花整齐地着生于枝条两侧,开花量大。

【养护要点】喜温暖、干燥和光照充足的环境，耐干旱和半阴，不耐寒，忌阴湿，无明显休眠期。生长适宜温度为15～25℃，冬季不低于5℃。夏季要适当遮阳，冬季要放入室内保暖、防冻。

红雀珊瑚

5. 红雀珊瑚

【属名】红雀珊瑚属。

【形态特征】因全年开红色或紫红色花，树形似珊瑚而得名。常绿灌木，茎绿色，常呈"之"字形弯曲生长，含白色有毒的乳汁。叶互生两列，卵状披针形，几乎无柄，革质，中脉在叶背突出呈龙骨状。花苞粉红色。

【养护要点】喜温暖、通风、光照充足的环境和疏松、肥沃、排水性良好的土壤。高温、半阴的环境也能适应，但光照不宜强烈。

6. 虎刺梅

【属名】大戟属。

【形态特征】蔓生灌木，茎略具攀缘性，多分枝，可长达2米余。茎上有灰色粗刺。叶卵圆形，老叶脱落。可全年开花，花小，有两枚黄色或红色苞片，成对着生成小簇，各花簇又聚成二歧聚伞形花序。

【养护要点】喜温暖、湿润和光照充足的环境和疏松、排水性良好的腐叶土。稍耐阴，耐高温，较耐干旱，

虎刺梅

不耐寒。冬季温度较低时,有短期的休眠现象。

7. 彩春峰

【属名】大戟属。

【形态特征】帝锦的缀化(带化)变异品种。肉质茎依品种的不同有暗紫红色、乳白色、淡黄色及镶边、斑纹等复色,性状很不稳定,栽培中经常发生色彩的变异,如暗紫红色茎会长出白色、黄色斑块等;有时还会出现返祖现象,使扭曲生长的鸡冠状肉质茎长成柱状。

彩春峰

【养护要点】喜温暖、干燥和光照充足的环境,耐干旱,稍耐半阴,忌阴湿,不耐寒。生长期可放在室外明亮且通风处养护,保持盆土湿润而不积水,以防烂根。空气干燥时,可向植株喷少量水以增加空气湿度,使肉质茎颜色清新,富有光泽。夏季高温时稍遮阳并加强通风,以免强烈的光照灼伤表皮或因闷热、潮湿导致肉质茎腐烂。生长期每月施一次腐熟的稀薄液肥或复合肥,以磷肥、钾肥为主,氮肥为辅,以免植株带有过多的绿色,影响观赏。

8. 绿玉树

【属名】大戟属。

【形态特征】又名光棍树。热带灌木或小乔木,可高达2～9米。叶细小互生,呈线形或退化为不明显的鳞片状,长约1厘米,宽约0.2厘米,叶早落以减少水分蒸发,故常呈无叶状态。枝干圆柱状,绿色,分枝对生或轮生,

绿玉树

无叶片时可代替叶片进行光合作用。花期为6～9月,花黄白色,花冠5瓣。

【养护要点】喜温暖、光照充足的环境,耐干旱,耐盐和耐风,能于贫瘠的土壤中生长。

霸王鞭

9. 霸王鞭

【属名】大戟属。

【形态特征】肉质灌木,有丰富的乳汁。茎高5～7米,直径4～7厘米,上部具数个分枝,幼枝绿色。茎与分枝具5～7条棱,每条棱均有微微隆起的棱脊,脊上具波状齿。叶互生,密集于分枝顶端,倒披针形至匙形,长5～15厘米,宽1～4厘米。花期为5～7月,二歧聚伞形花序,着生于节间凹陷处或枝的顶端。

【养护要点】喜温暖、干燥、半阴的环境,忌水涝。温度不宜低于8℃。

10. 彩云阁

【属名】大戟属。

【形态特征】茎直立,有3～4条棱,深绿色,茎中央有灰绿色的不规则斑纹。棱边有齿状突起,突起处生有倒卵形叶片。分枝较多,均垂直向上,形成独特的株形。全株含丰富的乳汁,有毒。

【养护要点】喜温暖、干燥、光照充足的环境和疏松、

彩云阁

肥沃、排水性良好的沙质土壤。生长期应给予充分光照及水分,每月施一次低氮高磷、高钾的薄肥。冬季可移到室内光照充足处,保持盆土干燥,5℃以上可安全越冬。每年春季换盆一次。

11. 膨珊瑚

【属名】大戟属。

【形态特征】枝条呈绿色,多分枝,分枝上会长一些雀舌状的叶子。易发生缀化,是多肉植物中常见的变形,即顶端生长点连成一片,不加节制地生长,变成了像鸡冠一样的结构。缀化之后比原来的形态更具观赏价值,像地里冒出来的绿灵芝。叶子会早脱,留下凸起的黑色"瘢痕",这是膨珊瑚非常显著的特征。

膨珊瑚

【养护要点】喜温暖、干燥、光照充足的环境,耐干旱和半阴,不耐寒,忌阴湿,无明显休眠期。

麒麟掌

12. 麒麟掌

【属名】大戟属。

【形态特征】霸王鞭的缀化变种,具棱的肉质茎变态成鸡冠状或扁平的扇形。

【养护要点】生长适宜温度为22～28℃,35℃以上则进入休眠状态。不宜在过阴或暴晒的环境,喜半阴。夏季应注意遮阳、通风;冬季应保持10～12℃，并控制浇水量，但其耐寒，即使室内温度达-10℃，仍可正常生长半个月左右。生长季节可15～20天追肥一次。

贝信麒麟

13. 贝信麒麟

【属名】大戟属。

【形态特征】茎肉质，圆柱形，高可达2米，分枝多，顶端生长绿色扇形的肉质叶，叶痕下具一小刺，株型奇特优美。

【养护要点】易于栽培，但生长缓慢，可用疏松、透气的沙质土壤，加蛭石和腐叶土。生长期为春秋季节，夏季注意通风，冬季注意保温，有的可在冬季开花。

14. 春峰

【属名】大戟属。

【形态特征】株高2米左右，多分枝。茎肉质，直径3～5厘米，具3～4条平直的棱，棱谷平，棱缘稍有起伏。刺座生于棱缘，排列很稀，刺红褐色，长0.5厘米。茎顶端的刺座长有很小的淡绿色叶片，但很早脱落，因此容易造成始终无叶的印象。植株表皮深绿色，有白色或黄绿色晕纹。花着生于新生分枝的顶端，黄绿色。

【养护要点】喜温暖、干燥、光照充足的环境，耐干

春峰

旱,忌阴湿,在半阴的条件下也能生长良好。晚春至晚秋可放在室外明亮处,每20天左右施用一次低氮、高磷、高钾的薄肥,浇水"见干见湿",避免盆土长期积水。

15. 金刚纂

【属名】大戟属。

【形态特征】直立、肉质的灌木或乔木,高可达7米,含白色乳汁。树皮灰白色,有浅裂纹;老枝圆柱状或钝六角形;小枝有3～5条波浪形的"翅","翅"的凹陷处有一对利刺。花期为3～4月,总苞半球形,直径约1厘米,花黄色。

金刚纂

【养护要点】生长缓慢,每年生长15～20厘米,适宜温度为22～28℃,冬季低于5℃时休眠、落叶。特别耐干旱,忌积水。每年春季翻盆,需修剪根系,使其长得更高一些。

16. 麻风树

【属名】麻风树属。

麻风树

【形态特征】灌木或小乔木,树皮平滑,枝上具突起的叶痕。叶互生,卵圆形或近圆形,不分裂或3～5浅裂,基部心形。株形奇特,可一年四季开花不断。

【养护要点】喜温暖干燥和阳光充足的环境,耐半阴,不耐寒,忌积水。适宜在疏松肥沃,排水良好的土壤中生长。

佛肚树

17. 佛肚树

【属名】麻风树属。

【形态特征】落叶小灌木,株高40～50厘米,茎干粗壮,茎端两歧分叉,中部膨大,呈卵圆状棒形。茎皮粗糙,盾形叶6～8片簇生于枝顶,叶面绿色,叶背粉绿色。聚伞形花序顶生,长约15厘米,多分枝,似珊瑚一样,花瓣倒卵形,橘红色。

【养护要点】喜温暖、干燥、光照充足的环境,但要避免阳光直射,否则茎过于细长失去"佛肚"的特点。生长适宜温度为26～28℃,如低于10℃则易落叶,但仍能开花。

18. 布纹球

【属名】大戟属。

【形态特征】又名晃玉、奥贝莎。在大戟属种类中,植株球形的很少,布纹球是球形标准的种之一,直径8～12厘米,具8条棱,棱缘上有褐色小钝齿。表皮灰绿色,有红褐色纵横交错的条纹,顶部条纹较密。

【养护要点】喜温暖、光照充足的环境和排水性良好的沙质土壤,缺少光照或过度潮湿会造成茎下部生褐斑。冬季温度宜维持在5℃以上,并适当维持盆土干燥。

布纹球

苦苣苔科多肉植物

断崖女王

【属名】大岩桐属。

【形态特征】叶片被浓密而顺滑的白色绒毛，甚为华贵。球状或甘薯状肉质块根，顶端簇生绿色枝条。春末至初秋开花，花生于枝条顶端，数朵群聚开放，花筒较细，橙红色或朱红色，花苞外覆盖白色绒毛。

断崖女王

【养护要点】夏型种，能耐5℃低温，种植幼苗最好把块根全部埋入土中，以利于其生长，等直径达到一定程度时再露出土面。夏季块根稍遮阳，冬季则进入落叶休眠期，须断水。

火星人

萝藦科多肉植物

1. 火星人

【属名】火星人属。

【形态特征】肉质块根粗大，上部长出藤状细枝。叶卵圆形或长圆形，花绿白色，雌雄异株。野生品种块根是完全生长在地下的，栽培时为了观赏通常会将其露出土面，这样其实是很不利于植株生长的。

【养护要点】种植时需搭架子固

丽杯角

定,易栽培,冬季落叶。

2. 丽杯角

【属名】丽杯角属。

【形态特征】直立生长,可高达1米左右,成株群生。棱极多,排列整齐,棱上有无数圆锥状小疣突,疣突先端有一个硬或软的齿。花着生于茎顶端,杯状,裂片较小,闻起来有腐肉的味道,主要依靠苍蝇授粉。

【养护要点】喜温暖、干燥、光照充足的环境,耐干旱,忌水湿,不耐寒,无明显休眠期。

3. 大花犀角

【属名】豹皮花属。

【形态特征】肉质茎挺拔,形如犀牛角,高20～30厘米,直径3～4厘米,基部多分枝,呈丛状向上直立生长,灰绿色,四角棱状,棱边有淡橄榄绿色的齿状突起。花从嫩茎基部长出,通常1～3朵,直径15～30厘米,呈五角星形,淡黄色,具暗紫红色横纹,边缘密生暗紫红色细纤毛,会发出腐肉般的臭味。

【养护要点】喜肥沃、排水性良好的沙质土壤,耐干旱,耐半阴,生长适宜温度为16～22℃,越冬温度在12℃以上。

大花犀角

龙树科多肉植物

亚龙木

【属名】亚龙木属。

【形态特征】茎干白色至灰白色，高3～5米，分枝很少，遍布棘刺，叶片生于其间。叶长卵形至心形，常成对生长，大叶绿色，小叶灰黑色。花序长30厘米左右，花黄色或白绿色。

【养护要点】喜温暖、干燥、光照充足的环境，稍耐半阴，不耐寒，忌阴湿。4～10月为生长期，宜放在室外阳光充足或室内明亮处养护；夏季高温时要求通风良好，但不必遮阳，浇水宜遵循"不干不浇，浇则浇透"，忌盆土积

亚龙木

水；空气干燥时可向植株喷水，以增加空气湿度。冬季给予充足的光照，节制浇水，停止施肥。不易分枝，当植株长到一定高度时可将其截断，促其分枝，使株形更加美观。每1～2年的春季换盆一次。

 胡椒科多肉植物

1. 红背椒草

【属名】草胡椒属。

【形态特征】多年生常绿草本植物，植株矮小，高5～8厘米。叶片肥厚多肉，椭圆形，对生或轮生，具短柄，叶面两边向上翻，中间形成一浅沟背面呈龙骨状突起。叶面为暗绿色，叶背为暗红色。春

红背椒草

夏季节开花,棒状花序,绿色。

【养护要点】易于养护,每月施一次腐熟的稀薄液肥。春秋两季可充分浇水;夏季高温时将植株移至通风、凉爽处养护,避免强光直射和闷热、潮湿的环境;冬季要求保证光照充足,温度维持7℃以上,节制浇水。每1～2年的春季换盆一次,盆土要求疏松、肥沃、含丰富腐殖质,并具有良好的排水性。

2.斧叶椒草

【属名】草胡椒属。

【形态特征】肉质小灌木,叶顶端轮生,整个叶片就像一把绿色的斧子。花序很长,花黄绿色。

【养护要点】喜温暖、干燥、半阴的环境,耐干旱,却不耐寒,烈日暴晒和过分荫蔽会对植株造成伤害。生长适宜温度为18～28℃,生长期保持盆土湿润而不积水,否则造成根部腐烂。对空气湿度要求不高,能在干燥的居室内

斧叶椒草

正常生长,可时常用与室温相近的水向植株喷洒,增加空气湿度。

 薯蓣科多肉植物

龟甲龙

【属名】薯蓣属。

【形态特征】落叶藤本植物,茎基部膨大,浅褐色,幼苗时呈球

形,成株后表皮龟裂,形成许多独立小块,宛如龟甲,因此得名。茎绿色,蔓性,长1～2米。叶心形,长6～7厘米。花细小,10～15朵成串开放,会发出淡淡的糖果香味。

【养护要点】每年4月左右,叶片会开始变黄,随后掉落,进入休眠期。此时,可从基部将蔓茎切除,只留下软木塞状的瘤块,放于凉爽的半阴处,逐渐减少供水,如空气湿度较高,甚至可断水。待9月左右,新的芽会冒出来,蔓茎会逐渐伸长,叶片也会逐渐长大,此时可开始逐步增加浇水量。待茎长至10厘米以上时,可施肥,一个月浇洒2次,增加肥力。

龟甲龙

 旋花科多肉植物

何鲁牵牛

【属名】盘蛇藤属。

何鲁牵牛

【形态特征】块根的表皮为红褐色,其裂纹呈不规则的龟裂。单叶,形成深到叶柄的三裂,像鸡爪一样。休眠期叶片凋零,只留有一个硕大的光秃秃的块根,苍劲有力。花量比较多,但单朵花只开一天。

【养护要点】喜光照充

足的环境,不宜频繁浇水,以免导致根部死亡。选用的盆要尽量大一些,使其有足够的生长空间。由于根茎显露在土表,因此需要保持一定的空气湿度。冬季处于休眠状态,要断水。

石蒜科多肉植物

虎耳兰

【属名】虎耳兰属。

【形态特征】多年生常绿球根植物。株高15～20厘米,根茎扁球形,具节。叶从基部抽出,对生,宽大,通常4～6片整齐排列;常绿全缘,先端呈舌状,具微绒毛,酷似虎耳而得名。顶生聚伞形花序,花为白色、红色、粉红色,以白花者常见。

【养护要点】喜温暖、湿润、通风、光照充足的环境和排水良好的微酸性土壤,较耐干旱,不耐寒,生长适宜温度为15～25℃。生长季节可每月施用一次腐熟的饼肥,再适当补充磷肥。冬季休眠以后可翻盆及分株。

虎耳兰

西番莲科多肉植物

球腺蔓

【属名】蒴莲属。

【形态特征】块根巨大,表面绿色,易木质化。叶已经退化且很早掉落,枝条上有粗壮的肉质刺,可以进行光合作用。枝条可长达8米,可攀缘、可垂挂。花5裂,黄绿色。

【养护要点】喜强光,耐干旱,不耐涝,宜用排水性良好的土质,以防止烂根。

球腺蔓

 互动学习

1. 选择题

（1）景天科中最小的种类是哪个属？（　　　　）

　　　A. 魔莲花属　　　　B. 莲花掌属　　　　C. 拟石莲属

（2）钱串景天在分类学上属于哪个属？（　　　　）

　　　A. 景天属　　　　B. 青锁龙属　　　　C. 莲花掌属

（3）筒叶花月原产于（　　　）地区？

　　　A. 北非　　　　B. 西非　　　　C. 南非

（4）瓦松依靠（　　　）繁殖后代。

　　　A. 芽　　　　B. 种子　　　　C. 根

2. 判断题

（1）与景天科的其他多肉植物相比,瓦松是比较长寿的。（　　　　）

（2）蟹爪兰属于地生型种类。 （　　）

（3）蟹爪兰属长日照植物。 （　　）

（4）金琥属种类都是单生型。 （　　）

（5）六角天轮柱又称为"夜之女士"仙人掌。 （　　）

参考答案：

1.选择题：（1）A；（2）B；（3）C；（4）B。

2.判断题：（1）×；（2）×；（3）×；（4）×；（5）√。

参考文献

胡松华.2005.另类奇特花卉.北京：中国林业出版社.

李树华.2011.园艺疗法概论.北京：中国林业出版社.

谢维荪.2003.多肉植物栽培与鉴赏.上海：上海科学技术出版社.

谢维荪.2004.家养多肉植物.上海：上海科学普及出版社.

谢维荪.2011.多肉植物栽培原理与品种鉴赏.上海：上海科学技术出版社.

谢维荪,郭毓平.1999.仙人掌类与多肉植物.上海：上海科学技术出版社.

徐民生,谢维荪.1991.仙人掌类及多肉植物.北京：中国经济出版社.

张秀英.1999.观赏花木整形修剪.北京：中国农业出版社.

赵玲.2011.无土也可以养花——水培与气生植物养护全图解.北京：化学工业出版社.

图书在版编目（CIP）数据

老年人轻松种多肉植物 / 修美玲主编 . —北京：
科学出版社，2019.1
上海市老年教育普及教材
ISBN 978-7-03-057767-2

Ⅰ. ①老… Ⅱ. ①修… Ⅲ. ①老年人—多浆植物—观
赏园艺—教材 Ⅳ. ①S682.33

中国版本图书馆CIP数据核字（2018）第125138号

老年人轻松种多肉植物
上海市学习型社会建设与终身教育促进委员会办公室
责任编辑 / 朱　灵

科学出版社 出版
北京东黄城根北街16号　邮编：100717
www. sciencep.com
北京虎彩文化传播有限公司印刷

开本 720×1000　B5　印张 7 1/4　字数 98 000
2019年10月第一版第二次印刷

ISBN 978-7-03-057767-2
定价：26.00元